光学卫星视频数据处理与应用

汪韬阳　张　过　蒋永华　卜丽静
李立涛　王韵鸣　洪建智　李　欣　著

科学出版社
北　京

内 容 简 介

本书主要介绍国内外光学视频卫星的发展现状、光学视频卫星数据处理与应用原理、方法及应用效果。具体内容包括光学卫星视频预处理、光学卫星视频超分辨率重建、光学卫星视频动目标检测、光学卫星视频动目标跟踪、光学卫星视频三维重建等。针对目前在轨光学视频卫星的成像特点，结合卫星视频中所观测的地物场景和目标类型，提出一套适用于光学卫星视频数据处理与应用的技术流程和体系。针对这套技术体系，利用美国 SkySat、中国吉林一号、珠海一号等光学视频卫星数据进行实验验证，以证明本书所提出技术体系的有效性和可行性。

本书可供测绘、国土、航天、规划、农业、林业、资源环境、遥感、地理信息系统等空间地理信息相关行业的生产技术人员和科研工作者参考。

图书在版编目（CIP）数据

光学卫星视频数据处理与应用 / 汪韬阳等著. —北京: 科学出版社，2020.11

ISBN 978-7-03-066982-7

Ⅰ.①光… Ⅱ.①汪… Ⅲ.①卫星通信-光学信号处理 Ⅳ.①TN911.74

中国版本图书馆 CIP 数据核字（2020）第 230425 号

责任编辑：杨光华 / 责任校对：高 嵘

责任印制：张 伟 / 封面设计：苏 波

科 学 出 版 社 出版

北京东黄城根北街16号

邮政编码：100717

http://www.sciencep.com

北京凌奇印刷有限责任公司 印刷

科学出版社发行 各地新华书店经销

*

开本：B5（720×1000）

2020 年 11 月第 一 版 印张：11 3/4

2021 年 11 月第二次印刷 字数：235 000

定价：128.00 元

（如有印装质量问题，我社负责调换）

前　言

光学卫星视频是一种全新的航天遥感对地观测数据形式，研究对象既包括视频拍摄范围内的地理空间环境，也包括环境中处于运动状态的物体。相比于传统的航天遥感影像静态获取方式，其优点是能够以视频录像或者帧序列图像的方式发现并记录地理空间环境中多个角度拍摄的影像及运动物体在空间中的位置和状态，通过摄影测量与遥感的几何辐射处理方法，实现对所拍摄的地理空间环境进行高精度建模，且能够通过描述物体的运动状态参数，对物体的运动状态进行定性和定量分析。

目前，全球在轨的光学视频卫星已达十余颗，已经形成了全球任意感兴趣区域天级重访的能力，每天能够获取的光学卫星视频数据量巨大。如何将这些数据处理好，挖掘其有用的信息和知识，使其能够满足不同用户的各类应用需求，是本书需要重点解决的问题。

本书从光学卫星视频传感器发展的现状和特点出发，对比地面获取的视频影像，分析光学卫星视频数据处理与应用所面临的难点与挑战。基于光学视频卫星影像的特点，本书系统介绍光学卫星视频数据处理与应用的关键问题，以及在动目标检测、动目标跟踪及三维重建方面的应用效果，希望从原理及实际应用的角度给出具体的解决方法，为相关地面处理与应用系统建设方案提供参考。

本书共 6 章：第 1 章介绍光学视频卫星的发展现状和应用领域，给出常见的国内外光学视频卫星传感器及其特点，并分析数据处理与应用方面的难点与挑战；第 2 章介绍光学视频卫星预处理的工作，主要包括几何定标、辐射定标和视频稳像，完成光学卫星视频从 0 级到 1 级的数据生产；第 3 章介绍单帧光学卫星视频图像复原和多帧光学卫星视频超分辨率重建；第 4 章介绍光学卫星视频动目标检测方法，完成从光学卫星视频中自动检测运动目标；第 5 章介绍光学卫星视频动目标跟踪方法，完成从光学卫星视频中自动跟踪运动目标，并实现目标运动状态估计；第 6 章介绍基于光学卫星视频的三维重建方法，完成数字表面模型自动生成。

本书的写作分工：汪韬阳负责本书总体内容框架及光学卫星视频数据处理与应用体系的制定，同时负责撰写第 1、4～6 章；在第 2 章中，张过和蒋永华负责撰写光学视频卫星几何定标及稳像，李立涛负责撰写光学视频卫星辐射定标相关内容仿真；在第 3 章中，卜丽静负责撰写超分重建相关内容；在第 4 章中，洪建智参与撰写运动检测相关内容；在第 5 章中，王韵鸣参与撰写运动目标跟踪相关内容；在第 6 章中，李欣参与撰写三维重建相关内容。

本书的出版得到了科技部国家重点研发计划项目 2018YFC0825803 的支持。希望本书的出版，能为国内同行科研工作者提供便利与参考，进一步推进光学卫星视频处理与应用的深入发展。

由于作者水平有限，书中难免存在不足之处，敬请读者不吝赐教。

作　者

2020 年 10 月

目　录

第1章 绪 论

1.1 光学视频卫星现状

作为一种新型的对地观测遥感卫星，光学视频卫星的最大特点是可以通过高动态姿态调整对某一区域进行“凝视”观测，以“视频录像”的方式获得比传统光学遥感卫星更多的动态信息，特别适用于观测运动目标。全球范围内每天在户外都会发生大量的热点事件，如果能对这样的事件进行实时或准实时拍摄，并将视频数据传递到大众用户的移动端上，提供大众用户消费级的网络视频服务，可带动卫星应用从传统行业用户领域拓展到大众用户领域。

近年来，国内外已经发射了数十颗在轨运行的光学视频卫星，主要的卫星成像相关参数如表 1.1 所示。2007 年印度尼西亚发射了“印度尼西亚国家航空航天研究所-柏林技术大学卫星”（LAPAN-TUB SAT）（Gómez et al.，2016），2015 年发射了 LAPAN-A2。2009 年南非也发射了类似的 Sumbandliasat 视频小卫星（付凯林 等，2015）。美国 Skybox Imaging 公司于 2013 年发射了米级分辨率的视频卫星 SkySat-1，是全球首颗能够拍摄全色高分辨率视频的卫星，该公司已于 2014 年发射了 SkySat-2，2019 年 12 月已经组成了由 13 颗小卫星构成的 SkySat 卫星星座。加拿大 UrtheCast 公司，于 2014 年将视频相机安置在国际空间站上，该卫星可提供近实时的高清全彩色视频。国防科技大学于 2014 年发射了天拓二号视频试验卫星，可拍摄 5 m 分辨率的全色视频。长光卫星技术有限公司于 2015 年通过搭载方式发射两颗高分视频卫星——吉林一号视频星（01 星、02 星），是国内首个能够拍摄全彩色视频的卫星，该公司在 2017 年又陆续发射了 4 颗视频卫星（吉林一号视频 03-06 星），这 6 颗视频卫星通过协同组网观测，大大缩短视频的重访时间。珠海欧比特控制工程股份有限公司在 2017 年 6 月通过搭载方式发射 2 颗视频卫星（珠海一号 OVS-1A/1B），地面分辨率 2 m，成为“珠海一号”遥感微纳卫星星座的先锋。该公司又在 2018 年 4 月和 2019 年 9 月分别发射了可拍摄 0.9 m 分辨率全彩色视频的第二代视频微纳卫星 OVS-2 和 OVS-3。武汉大学于 2018 年 6 月通过搭载方式发射了珞珈一号科学试验卫星，该卫星获取了夜间成像的微光视频数据。2019 年 8 月由北京千乘探索公司发射的千乘一号 01 星，同时具备遥感和地球探测功能，可拍摄 2 m 分辨率的全彩色视频。下面就其中有代表性的光学视频卫星进行简要介绍。

表 1.1　主要在轨光学视频卫星成像相关参数

视频卫星	发射时间	国家	视频颜色	视频分辨率/m	帧率/（帧/s）	成像区域/km²	视频时长/s
LAPAN-TUB SAT	2007.01	印度尼西亚	黑白	200	50	81×81	—
Sumbandliasat	2009.09	南非	黑白	—	—	—	—
SkySat-1	2013.11	美国	黑白	1.1	30	2×1.1	90
Iris/Theia	2014.01	加拿大	彩色	1.0	30	5×3.4	90
SkySat-2	2014.07	美国	黑白	1.1	30	2×1.1	90
LAPAN-A2	2015.09	印度尼西亚	彩色	6	50	81×81	—
天拓二号	2014.09	中国	黑白	5	25	—	180
吉林一号视频星（01 星、02 星）	2015.10	中国	彩色	1.13	25	4.6×3.4	90
吉林一号视频 03 星	2017.01	中国	彩色	1	25	12×5	90
吉林一号视频 04-06 星	2017.11	中国	彩色	1	25	19×5	90
珠海一号 OVS-1A/1B	2017.06	中国	彩色	2	20	8×6	90
珠海一号 OVS-2	2018.04	中国	彩色	0.9	20	4.5×2.7	120
珠海一号 OVS-3	2019.09	中国	彩色	0.9	20	4.5×2.7	120
珞珈一号	2018.06	中国	夜光	130	25	260×260	60
千乘一号 01 星	2019.08	中国	彩色	2	20	8×6	90

1.1.1　SkySat 系列

2013 年 11 月 21 日，Skybox Imaging 公司发射了全球首颗能够拍摄高分辨率卫星视频的小卫星 SkySat-1，卫星运行的太阳同步轨道高度 578 km。该公司于 2014 年 7 月 8 日发射了第二颗视频卫星 SkySat-2，卫星运行的太阳同步轨道高度 637 km。SkySat 是首个采用面阵传感器的米级分辨率对地观测卫星，重约 120 kg，体积为 60 cm×60 cm×95 cm，装备安置了 Ritchey-Chretien Cassegrain 望远镜，反光镜由碳化硅材料制造，焦距为 3.6 m，其焦面由三个低噪音、高频率的 5.5 megapixels 互补金属氧化物半导体（complementary metal-oxide semiconductor，CMOS）图像探测器组成，呈品字形排列，如图 1.1 所示，每个 CMOS 的上半部分用来拍摄全色波段（panchromatic band，PAN）视频。3 个 CMOS 拼接影像尺寸可达到2560×2160像素（每个像素的物理尺寸为6.5 μm），影像覆盖范围约为2 km^2，采用JPEG2000的格式进行压缩并下传，下传率为450 MB/s。同时采用合成时间延迟积分（time delay integration，TDI）技术进行地面图像处理。生成的标准视频产品影像分辨率重采样后能够达到0.8 m，每一帧大小尺寸为1920×1080像素，视频帧率为30帧/s，持续时间为90 s。图1.2为SkySat拍摄的迪拜哈里法塔视频的其中一帧，能够清晰看到天空中的飞机和地面行驶的汽车，光学视频卫星的发射标志着遥感2.0时代的到来。

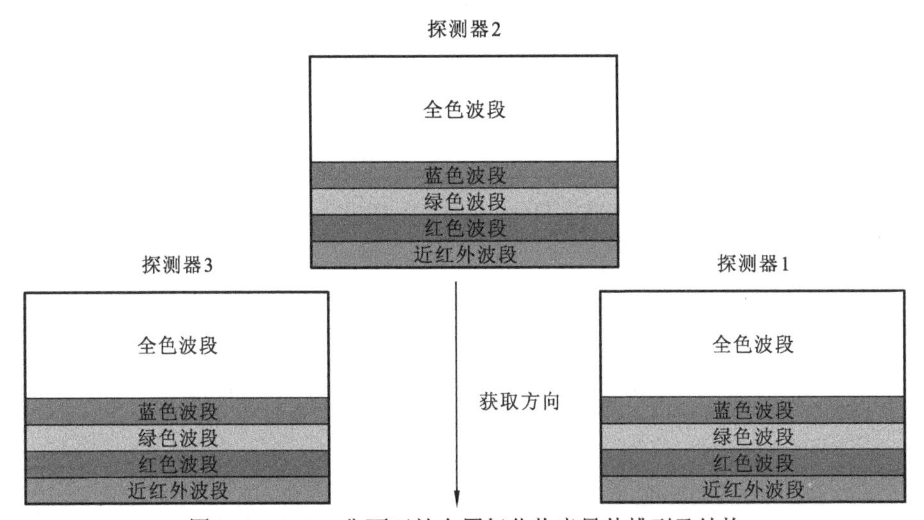

图1.1 SkySat焦面互补金属氧化物半导体排列及结构

图1.2 SkySat拍摄的迪拜哈里法塔视频一帧

SkySat 卫星星座是目前世界上卫星数量最多的的亚米级高分辨率卫星星座，具有较高的时间重访频率，可实现一天内对全球任意地点 2 次拍摄。未来卫星数量将增加至 21 颗，从而具备对目标每天 8 次的重访能力（http://www.kosmos-imagemall.com/index.php?m=&c=index&a=show&catid=73&id=1124），SkySat 卫星星座系统参数如表 1.2 所示。

表 1.2　SkySat 卫星星座系统参数

参数	说明
卫星数量	13 颗，后续将增加至 21 颗
卫星重访	每天 2 次，上午 10:30，下午 1:30
地面采样大小（ground sampling distance，GSD）	全色 0.86 m，多光谱 1.0 m
像元重采样	0.8 m
相机	全色和多光谱 CMOS 框架相机
光谱波段	蓝色波段：450～515 nm 绿色波段：515～595 nm 红色波段：605～695 nm 近红外波段：740～900 nm 全色波段：450～900 nm

1.1.2　Iris 和 Theia

总部位于加拿大温哥华的 UrtheCast 公司，具有国际化协作的背景，它由英国、加拿大、俄罗斯这三个参与了国际空间站建设的国家共同投资创设。2013 年底和 2014 年初，UrtheCast 将两台地球成像相机安置在国际空间站舱外的敏捷指向平台上，国际空间站运行在距离地球表面 300 多千米的轨道上，每天绕地球 16 圈，速度是 26 000 km/h。安置的两台摄像机分别是一架名为 Iris 的高解析度照相机（分辨率为 1.1 m），以及一台名为 Theia 的中等解析度照相机（分辨率为 5.5 m），其中 Iris 可以拍摄并生产时长 90 s 的高清全彩色视频，载荷具体参数如表 1.3 所示，视频产品参数如表 1.4 所示。所拍摄的伦敦视频一帧影像如图 1.3 所示。

表 1.3　Iris 相机参数

参数	说明
平台	双轴指向
传感器类型	CMOS
孔径/mm	317.5
焦距/mm	2.54
光谱带	RGB（贝尔彩色滤光阵列）
帧率/（帧/s）	3

表 1.4　UrtheCast 视频产品参数

参数	说明
持续时间/s	60
入射角	小于 40°
帧率/（帧/s）	30
帧尺寸	4096×2160 像素（超高清） 1920×1080 像素（高清）
分辨率/m	1
覆盖范围	约 4.1 km×2.2 km（超高清） 约 1.9 km×1.1 km（高清）
视频文件格式	H264（MPEG-4）

图 1.3　Iris 相机拍摄的伦敦视频一帧

1.1.3 MOIRE 项目

“莫尔纹”是美国国防部高级研究计划局（Defense Advanced Research Projects Agency，DARPA）于 2010 年启动的大口径衍射光学成像技术项目，全称为“薄膜光学成像仪实时利用（membrane optic imager real-time exploitation，MOIRE）”项目。项目旨在突破衍射薄膜、大型可开展支撑结构、星上处理和压缩等关键技术，为未来开发静止轨道高分辨率衍射成像卫星提供技术准备。

由美国鲍尔宇航技术公司为主承包商，负责光学系统设计、地面原理样机研制和测试；美国 NeXolve 材料公司负责衍射薄膜研制；美国劳伦斯利弗摩尔国家实验室（Lawrence Livermore National Laboratory，LLNL）负责衍射镜研制。2014 年 5 月，鲍尔宇航技术公司完成了两块分块镜和其衍射薄膜镜片支撑结果与展开链接结果的热真空测试工作（图 1.4），标志项目合同的完成。其业务型的实用系统由美国国家侦察局开发，整个业务成本 5 亿美元，光学系统采用菲涅耳波带片或者光子筛形式的主镜，口径达 20 m，发射时处于折叠状态，入轨后展开。它在距地面 3.6 万千米高的地球静止轨道运行，其灵敏的镜头可一次性捕捉地球 40% 的地表图像，且能在任何时候以 1 m 的分辨率聚焦在 10 km×10 km 的区域，并以 1 帧/s 的速度传回实时高分辨率视频与图像。该卫星的特征是同时具有高时间分辨率和空间分辨率，可以对重要目标进行长期连续监视，将大幅提升对动态目标的监视能力。项目分为两个阶段：第一阶段目标是开发满足空间飞行要求的薄膜材料，研制米级口径的衍射薄膜主镜，第二阶段是开展完整光学薄膜成像系统地面原理样机。DARPA 计划在“莫尔纹”项目成功后，研制一颗 10 m 口径的静止轨道衍射成像系统技术验证卫星，对大系统进行全面的演示验证（刘韬，2014a）。

图 1.4　两块衍射镜子镜和支撑与展开结构进行热真空测试

1.1.4 GO-3S 卫星

GO-3S 卫星系欧洲静止轨道空间监视系统卫星，分辨率为 3 m，观测范围为 100 km×100 km，5 帧/s 的视频拍摄能力，设计装配 4 m 口径光学成像系统，整个 GO-3S 卫星高 10.3 m，发射质量 8 840 kg。采用最大口径达 4 m 的单块主反射镜装配光学成像相机，其主镜由碳化硅材料制成，遮光罩质量为 350 kg。卫星幅宽可达 100 km，能够持续覆盖南北纬 50° 范围内的区域，提供高分辨率图像和视频。GO-3S 卫星共有三个视频工作模式，分别为快速连拍模式、持续视频模式和时延视频模式，具有动目标监视能力。GO-3S 卫星的应用可能是为政府部门进行海洋监视和环境监测。阿斯特里姆公司曾经在 2011 年巴黎航展上对分辨率为 3 m 的“静止轨道空间监视系统”（GO-3S）卫星的应用前景进行了模拟演示，又在 2012 年国际宇航大会（International Astronautical Congress，IAC）上宣布初步具备了 GO-3S 卫星的制造能力，2013 年 4 月对外发布了 GO-3S 卫星的应用说明书，以在全球寻找该卫星的投资启动项目，投资于项目的国家将获得卫星的部分能力，还将获得卫星服务收益（刘韬，2019）。

1.1.5 LAPAN 卫星

印度尼西亚 LAPAN-TUB SAT 卫星质量为 56 kg，采用太阳同步轨道，高度 635 km。其有效载荷包括 1 台高分辨率摄像机和 1 台低分辨率摄像机。高分辨率摄像机主要由索尼公司的高清晰度 DXC-990P 型民用摄像机和尼康公司制造的 1 m 焦距、f/11 相对孔径的折射望远镜组成，空间分辨率 6 m，宽幅 3.5 km。DXC-990P 由三个电荷耦合元件（charge-coupled device，CCD）组成，每块 CCD 像元数为 752×582，像元尺寸为 7 μm。

印度尼西亚 LAPAN-A2 卫星平台尺寸 47 cm×50 cm×36 cm，在俯仰和滚动向可侧摆正负 30°，发射质量 76 kg。卫星携带 4 个有效载荷，可覆盖 80 km 宽的地面，可以用于高分辨率卫星彩色视频的拍摄，地面分辨率为 6 m，其中的视频相机与 LAPAN-TUBSAT 相同，还包括试验型空间数字相机、船舶自动识别系统和无线电通信载荷（刘韬，2014b）。

1.1.6 吉林一号卫星

2015 年 10 月初，长光卫星技术有限公司通过搭载方式发射两颗高分视频卫星——吉林一号视频星（01 星、02 星），是国内首个能够拍摄全彩色高清视频的卫星，其分辨率、幅宽、稳定性等主要技术指标均达到较高水准，同时具有敏捷快速机动能力，一段时间内对目标进行实时动态的监测，可根据情况迅速调整观测区域和重点。吉林一号视频01星、02星的轨道高度为656 km，相机焦面采用大面阵CMOS传感器，影像尺寸可达4 000×3 000像素，宽幅为4.33 km×2.44 km，分辨率为1.1 m。采用Bayer模板的成像方式，视频压缩算法采用JPEG2000，压缩比达30～100倍；拍摄帧率为25帧/s。具体参数如表1.5所示。

表1.5 吉林一号视频星平台参数

参数	说明
轨道类型	太阳同步轨道
视频格式	MP4（FLV）
最大姿态机动角速度/（°/s）	2
机动平稳度/（°/s）	0.005
机动指向精度/（°）	0.1
卫星总质量/kg	<95
测控	USB，上2 000 b/s，下4 096 b/s
数传	X波段，100 Mb/s

吉林一号视频01星拍摄的墨西哥杜兰戈区域的视频一帧如图1.5所示。

图1.5 吉林一号视频01星拍摄的墨西哥杜兰戈区域视频一帧

2017年1月9日，吉林一号视频03星成功发射。03星具有高敏捷机动性能、多种成像模式和高集成电子系统，可以获取11 km×4.5 km幅宽的0.92 m分辨率彩色动态视频，同时，它是世界首颗米级彩色夜光成像卫星。2017年11月21日、2018年1月19日，视频04-06星和视频07星、08星分别以一箭三星、一箭双星方式成功发射。在具有面阵视频、夜光成像能力的同时，兼容了长条带推扫成像功能。可获取全色分辨率0.92 m、多光谱分辨率3.68 m的推扫影像。

吉林一号视频03星拍摄的巴林视频一帧如图1.6所示。

图1.6 吉林一号视频03星拍摄的巴林视频一帧

1.1.7 珠海一号卫星

“珠海一号”卫星星座，是由珠海欧比特宇航科技股份有限公司发射并运营的商业遥感微纳卫星星座，是中国首家由民营上市公司建设并运营的卫星星座。计划整个星座由34颗卫星组成，包括视频卫星、高光谱卫星、雷达卫星、高分光学卫星和红外卫星。2017年6月15日，首发“珠海一号”01组2颗视频卫星（OVS-1A，OVS-1B）搭载长征四号乙火箭成功入轨（轨道高度约500 km，轨道倾角43°），揭开了我国民营上市企业发射和运营卫星星座的序幕。2018年4月26日，在酒泉卫星发射中心由长征十一号固体运载火箭以“一箭五星”方式成功发射 02组5颗卫星（4颗高光谱OHS-2A/2B/2C/2D，1颗高分视频卫星OVS-2），轨道高度约500 km，轨道倾角约98°，降交点地方时为11:00；2019年9月19日，在酒泉卫星发射中心由长征十一号遥七固体运载火箭以“一箭五星”方式再次成功发射03组5颗卫星（4颗高光谱OHS-3A/3B/3C/3D，1颗高分视频卫星OVS-3），轨道高度约500 km，轨道倾角约98°，降交点地方时为13:00。

目前，珠海一号系列卫星共包括 4 颗视频卫星，其中 2 颗试验卫星（分辨率 2 m）、2 颗高分视频卫星（0.9 m）。“珠海一号”视频卫星（OVS-2/3）采用单面阵 Bayer 模板成像，即在探测器前端安置彩色滤光阵列，按照 Bayer 模板的排列方式，在每个像素位置只获取一种颜色的灰度信息，生成初始的 Bayer 影像。然后通过对 Bayer 影像进行彩色重建处理生成标准彩色影像。“珠海一号”视频卫星 OVS-2/3 具备两种成像方式：凝视视频模式和图像推扫模式，分辨率均为 0.9 m。OVS-3 拍摄的新疆哈密市视频一帧如图 1.7 所示，“珠海一号”视频卫星主要技术指标如表 1.6 所示。

图 1.7 “珠海一号”视频卫星 OVS-3 拍摄的新疆哈密市视频一帧

表 1.6 “珠海一号”视频卫星主要技术指标

项目		指标
姿控系统	控制方式	三轴稳定，整星对地定向
	测量精度	20″（3σ）
	三轴指向精度	优于 0.02°
	三轴稳定度	优于 0.002°
	姿态机动	±45° /80 s
轨控系统	运行轨道	98° 太阳同步轨道，平均轨道高度 500 km
	轨道控制	具备轨道维持能力
测控系统	测控体制	USB/UXB
	码速率	上行 2 000 b/s　　下行 4 096 b/s

续表

项目		指标
数传系统	通信频段	X 频段
	码速率	300 Mb/s
视频载荷成像系统	成像方式	视频凝视（Bayer）/图像推扫（Bayer）
	空间分辨率/幅宽	视频：0.9 m/4.5 km（1～5）@500 km 图像：0.9 m/22.5 km@500 km
	量化等级	视频：8 b；图像：10 b
	帧率	25 帧/s
	每次开机工作时长	视频：2 min；图像：6 min

1.1.8　千乘一号卫星

2019 年 8 月 17 日，千乘一号 01 星（又名“海创千乘”号卫星）发射升空，进入高度 540 km、倾角 97.6° 的太阳同步轨道。该星通过 X 频段测控及数传，UHF/VHF 频段测控备保，与珠海一号视频星载荷性能类似，可见光分辨率 1.92 m，幅宽 8 km，影像大小 8 km×6 km，帧率 20 帧/s，可做双条带拼接。遥感数据传输速率 300 Mb/s，地球探测传输速率 20 kb/s。截至 2019 年 8 月 31 日，千乘一号 01 星已累计绕地球 219 圈，获取 650 GB 地面观测数据，星上各系统工作正常，载荷进入最佳成像状态，在轨测试任务圆满完成，并顺利发布首批卫星图像（孙欣，2019）。千乘一号 01 星拍摄的日本视频一帧如图 1.8 所示。

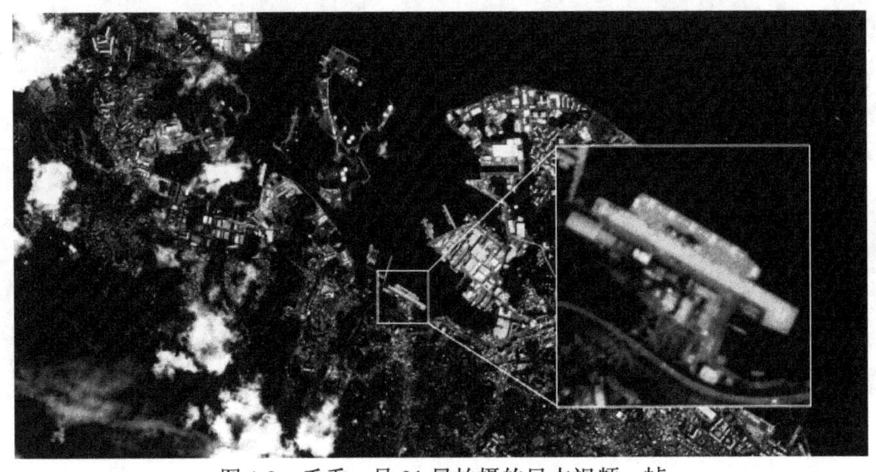

图 1.8　千乘一号 01 星拍摄的日本视频一帧

1.2 光学卫星视频的应用领域

通过几十年的发展，我国航天技术取得了巨大进步，已形成资源、气象、海洋、环境、国防系列等构成的对地观测遥感卫星体系。特别是在“高分辨率对地观测系统”国家科技重大专项建设的推动下，我国遥感卫星的空间分辨率、时间分辨率、数据质量大幅提升，为我国现代农业、防灾减灾、资源环境、公共安全等重要领域提供信息服务和决策支持。随着卫星遥感应用的深入，应用需求已从定期的静态普查向实时动态监测方向发展，视频卫星的出现使得利用卫星对全球热点区域和目标进行高动态的持续监测变为可能，已经成为各个应用领域的迫切需求。光学卫星视频的应用领域概括起来可以分为以下几类。

1.2.1 商业情报

商业情报信息具有典型的时效性，视频卫星具有高时间分辨率、高空间分辨率的特点，可对特定商业对象进行实时监测，从而对商业对象的活动情况进行分析预测。雅典国立技术大学研究团队对 SkySat-1 拍摄的拉斯维加斯商业区的视频影像进行了车辆目标提取（图 1.9），从卫星视频影像中可以计算车辆密度（Kopsiaftis et al.，2015），能够在一定程度上反映不同区域商业活动的活跃程度（图 1.10）。

（a）SkySat-1视频影像第51帧提取的车辆及兴趣区域

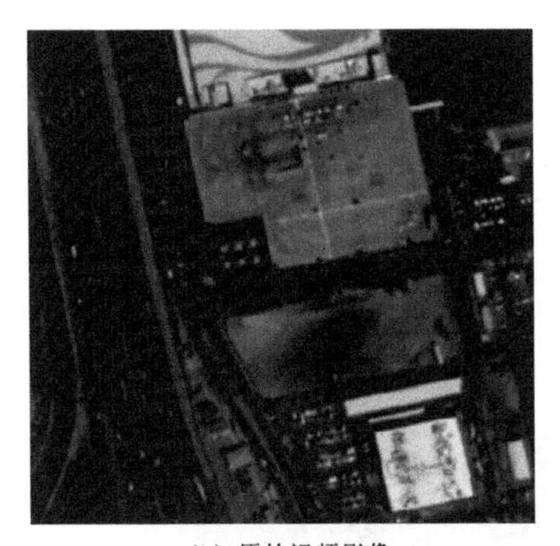

(b) 原始视频影像

(c) 车辆提取

图 1.9 基于 SkySat-1 光学卫星视频的车辆目标提取

图 1.10 基于 SkySat-1 光学卫星视频的车辆密度信息提取

1.2.2 交通监控

目前在轨的光学卫星视频分辨率较高，可以达到 1～2 m 分辨率的水平，可以清晰地发现地面运行的车辆、水域中的船舶（图 1.11），有利于对城市范围内比较集中的道路交叉口进行交通监控，可以据此及时了解各区域的路面状况，以便调整各路口车辆流量，确保交通通畅；也有利于航道监管部门对管辖区域内的船舶进行严格管控，确保辖区水上交通安全。

图 1.11　吉林一号视频 03 星拍摄的路面车辆、水面船舶的情况（局部放大）

1.2.3 防灾减灾

我国是世界上自然灾害最为严重的国家之一，灾害种类多，分布地域广，发生频率高，造成损失大。在自然灾害应急快速响应方面，相比于传统遥感卫星只能记录灾害发生瞬间的影像，视频卫星可在自然灾害诱发期、灾害发生发展期、救灾与重建期进行全方位动态监测。如果遇到地震、台风、林火、火山等突发性自然灾害及渔船遇险等情况，视频卫星实时传回的动态观测影像能帮助救灾部门快速判断、决策（袁益琴 等，2018）。图 1.12 为 2014 年 10 月 16 日，SkySat-1 拍摄的日本御岳山火山喷发实况视频一帧。

图 1.12 SkySat-1 拍摄的日本御岳山火山喷发实况视频一帧

1.2.4 环境建模

光学视频卫星具有敏捷机动成像能力，可以获取地面一定范围内多角度拍摄的区域影像序列，利用这些卫星视频影像，通过摄影测量的立体定向技术处理后可以实现地表三维重建。结合多帧视频影像的冗余信息来提升影像密集匹配的可靠性，有助于解决纹理匮乏、遮挡等困难区域匹配多义性与错误匹配的问题。图 1.13 为吉林一号视频 03 星拍摄的阿富汗喀布尔区域视频一帧，图 1.14 为吉林一号视频 03 星影像生成的三维景观图。

图 1.13 吉林一号视频 03 星拍摄的阿富汗喀布尔区域视频一帧

图 1.14　吉林一号视频 03 星影像生成的三维景观图

1.2.5　军事应用

对于军事敏感地区特别是境外区域无法进行地面监视，该区域的航空信息也难以获得。光学视频卫星可以提供近实时动态信息，能够为区域态势的掌控与分析提供强有力的技术支撑。朝鲜半岛核问题一直是影响东北亚地区和平与安全的隐患，视频卫星能够为掌握核设施发展动态提供数据支撑。图 1.15 为 SkySat-1 拍摄的朝鲜某核电站周围环境及运动目标状态。

图 1.15　SkySat-1 拍摄的朝鲜某核电站周围环境及运动目标状态

1.3　光学卫星视频数据处理与应用面临的挑战

深入分析光学卫星视频的成像机理，可进一步明确利用光学卫星视频数据进行各方面应用存在问题的本质内涵。首先，光学视频卫星发射升空后，受发射时冲击、应力释放效应及空间温度变化等多方面因素影响，出现卫星相机焦平面变形、摄影主轴发生径向切向畸变，面阵传感器出现坏探元，暗电流引起的明暗条纹等一系列卫星视频数据中的几何辐射问题，如何将单帧的视频数据几何辐射质量处理好是光学卫星视频数据处理面临的第一个挑战。其次，光学视频卫星凝视过程中卫星平台运动与姿态控制误差导致的相机主光轴空间指向的变化（图 1.16）和抖动，使得获取的卫星视频数据中同一目标在数个像元之间抖动（图 1.17）、在不同帧之间几何差异大，多角度观测引起辐射差异大（图 1.18），导致卫星视频数据无法直接用于定量分析，如何将多帧的视频数据几何辐射质量处理好是光学卫星视频数据处理面临的第二个挑战。最后，光学卫星视频中的运动目标多为点状等极弱特征的运动目标，针对这类目标如何进行自动检测、跟踪及运动状态估计，是光学卫星视频数据处理面临的第三个挑战。

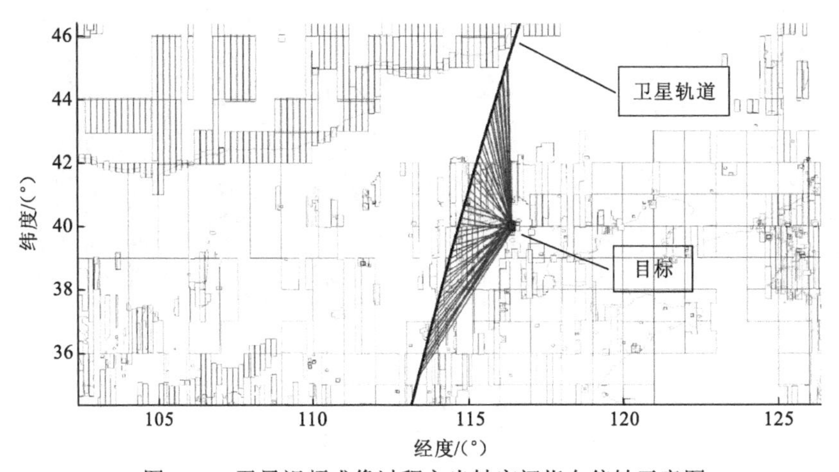

图 1.16　卫星视频成像过程主光轴空间指向偏转示意图

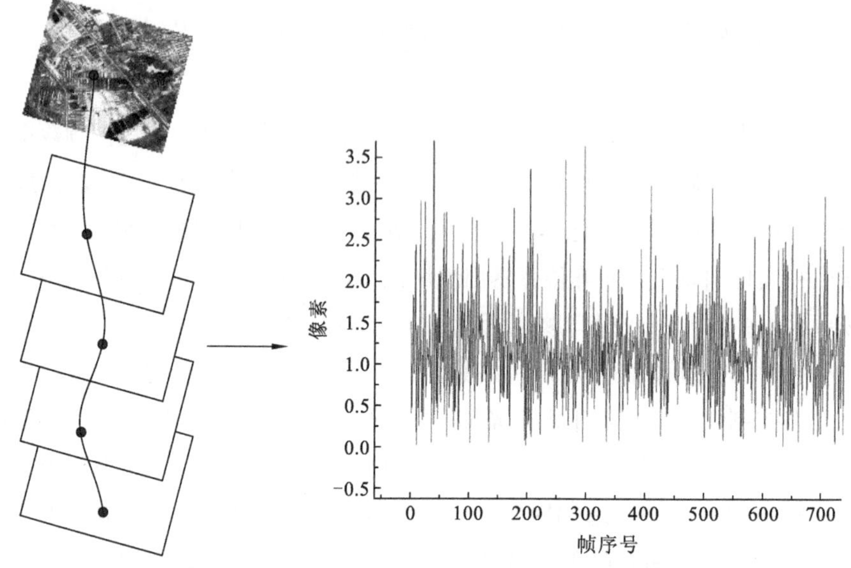

图 1.17　同一地物在不同帧上的位置变化示例图

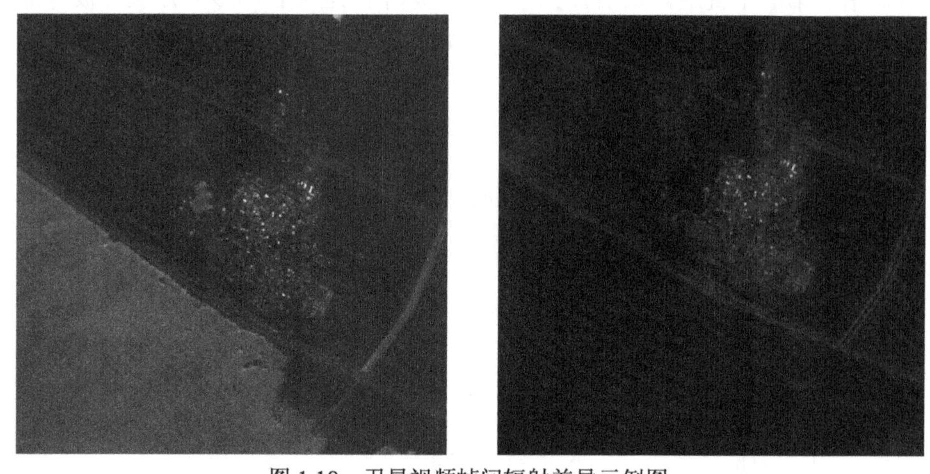

图 1.18　卫星视频帧间辐射差异示例图

参 考 文 献

付凯林, 杨芳, 黄敏, 等. 2015. 低轨道视频卫星任务模式的研究与应用 // 北京力学会第21届学术年会暨北京振动工程学会第22届学术年会论文集.

刘韬, 2014a. 天基衍射成像系统及相关技术发展研究. 国际太空(8): 46-52.

刘韬, 2014b. 国外视频卫星发展研究. 国际太空(9): 50-56.

刘韬, 2019. 法国新一代成像侦察卫星系统发展. 国际太空(4): 52-57.

孙欣, 2019. 千乘一号 01 星. 卫星应用, 9: 74.

袁益琴, 何国金, 江威, 等, 2018. 遥感视频卫星应用展望. 国土资源遥感, 30(3): 1-8.

GÓMEZ C, WHITE J C, WULDER M A, 2016. Optical remotely sensed timeseries data for land cover classification: A review. ISPRS Journal of Photogrammetry and Remote Sensing, 116: 55-72.

KOPSIAFTIS G, KARANTZALOS K, 2015. Vehicle detection and traffic density monitoring from very high resolution satellite video data. Geoscience & Remote Sensing Symposium, IEEE: 1881-1884.

第2章　光学卫星视频预处理

通过光学卫星视频影像的预处理，可以实现从0级到传感器校正视频产品生产（张过 等，2016）。本章将主要介绍光学卫星视频预处理，包括光学卫星视频几何定标、辐射定标和视频稳像三部分内容。在几何定标方面，介绍影响光学卫星视频几何定位精度的误差来源，对各项误差进行分析归类，建立光学卫星视频严密几何处理模型和内外方位元素几何定标模型，以及利用该模型进行内外方位元素系统误差消除的方法。在辐射定标方面，从相对辐射定标和绝对辐射定标两方面阐述目前光学视频卫星辐射定标原理及方法。重点针对相对辐射定标方法做详细分析，实现视频面阵传感器焦面异常探元噪声的抑制，以及传感器探元间响应不一致性的消除。在视频稳像方面，构建光学卫星视频的有理函数模型，分析视频抖动的原因，针对“去伪动”和“去抖动”两种稳像方法进行详细阐述。最终，通过真实光学卫星视频数据验证本章方法的有效性和可行性。

2.1　光学卫星视频几何定标

光学卫星视频几何定标是确保视频几何质量的必要环节，主要是通过地面控制数据加以几何定标模型消除视频景内各个探元几何定位的不一致性和整景几何定位精度的系统偏差。本节将从几何处理模型建立、误差分析与建模、内外方位元素几何定标及真实数据验证几个方面进行阐述。

2.1.1　相关坐标系定义及转换

光学卫星视频几何定位涉及的坐标系主要包括：影像坐标系、相机坐标系、本体坐标系、轨道坐标系、地心惯性坐标系及地固坐标系。

1. 影像坐标系

如图2.1所示，影像坐标系以影像的左上角点为原点，以影像的列方向为 X 轴方向，以影像的行方向为 Y 轴方向。其大小由像素点的行列号确定。

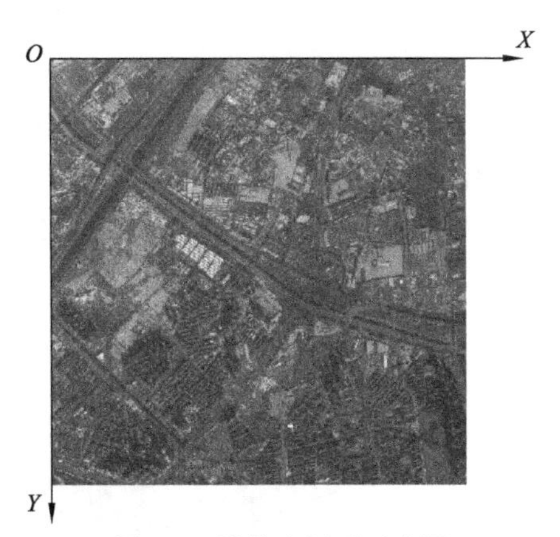

图 2.1　影像坐标系示意图

2. 相机坐标系

如图 2.2 所示，相机坐标系原点 O 位于相机投影中心，Z 轴为相机主光轴且指向焦面方向为正；Y 轴平行于 CCD 阵列方向，X 轴大致指向卫星飞行方向；三轴指向满足右手坐标系规则。

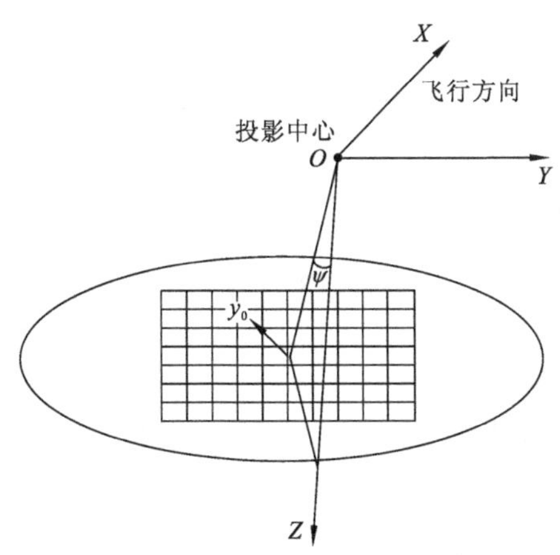

图 2.2　相机坐标系示意图

对于影像坐标 (x_i, y_i)（为了后文表述清晰，以 x_i 为影像行，y_i 为影像列），其对应的相机坐标 (x_c, y_c, z_c) 如下：

$$\begin{bmatrix} x_c \\ y_c \\ z_c \end{bmatrix} = \begin{bmatrix} (x_i - x_0) \cdot \lambda_{ccd} \\ (y_i - y_0) \cdot \lambda_{ccd} \\ -f \end{bmatrix} \tag{2.1}$$

式中：f 为相机主距；x_0、y_0 为主视轴对应位置；λ_{ccd} 为探元大小。

3. 本体坐标系

卫星本体坐标系是与卫星固联的坐标系。通常取卫星质心作为原点，取卫星三个主惯量轴为 *XYZ* 轴（图 2.3）。其中，*OZ* 轴由质心指向地面为正，*OX* 轴指向卫星飞行方向为正，*OY* 轴由右手坐标系规则确定（章仁为，1998）。

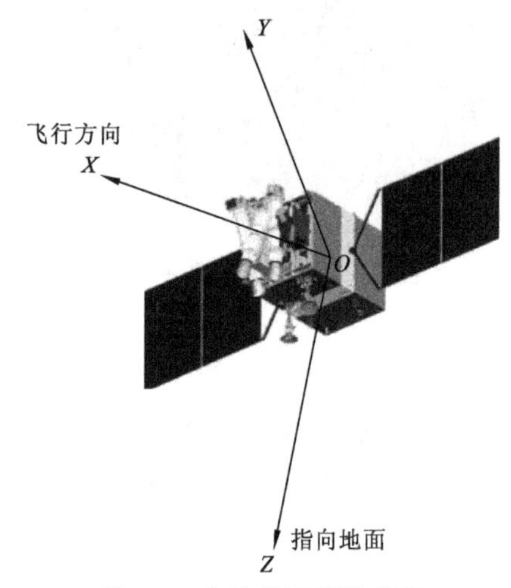

图 2.3　本体坐标系示意图

相机坐标系与本体坐标系的转换关系由相机安装决定，该安装关系在卫星发射前进行测量。对于相机坐标 $(x_{\mathrm{c}}, y_{\mathrm{c}}, z_{\mathrm{c}})$，其对应的本体坐标 $(x_{\mathrm{b}}, y_{\mathrm{b}}, z_{\mathrm{b}})$：

$$\begin{bmatrix} x_{\mathrm{b}} \\ y_{\mathrm{b}} \\ z_{\mathrm{b}} \end{bmatrix} = \begin{bmatrix} \mathrm{d}x \\ \mathrm{d}y \\ \mathrm{d}z \end{bmatrix} + \boldsymbol{R}_{\mathrm{camera}}^{\mathrm{body}} \begin{bmatrix} x_{\mathrm{c}} \\ y_{\mathrm{c}} \\ z_{\mathrm{c}} \end{bmatrix}, \quad \boldsymbol{R}_{\mathrm{camera}}^{\mathrm{body}} = \boldsymbol{R}_y(\varphi_{\mathrm{c}})\boldsymbol{R}_x(\omega_{\mathrm{c}})\boldsymbol{R}_z(\kappa_{\mathrm{c}}) \tag{2.2}$$

式中：$\begin{bmatrix} \mathrm{d}x \\ \mathrm{d}y \\ \mathrm{d}z \end{bmatrix}$为相机坐标系原点与本体坐标系原点偏移；$\boldsymbol{R}_{\mathrm{camera}}^{\mathrm{body}}$为相机坐标系相对于本体坐标系的转换矩阵；$\boldsymbol{R}_y(\varphi_{\mathrm{c}})$、$\boldsymbol{R}_x(\omega_{\mathrm{c}})$、$\boldsymbol{R}_z(\kappa_{\mathrm{c}})$分别表示绕相机坐标系 y 轴、x 轴、z 轴旋转 φ_{c}、ω_{c}、κ_{c} 组成的旋转矩阵。式中偏移值、旋转角度值均在地面阶段测量获取。

4. 轨道坐标系

轨道坐标系是关联星上与地面的过渡坐标系。如图 2.4 所示，其原点为卫星质心，*OX* 轴大致指向卫星飞行方向，*OZ* 轴由卫星质心指向地心，*OY* 轴依据右手坐标系规则确定（章仁为，1998）。

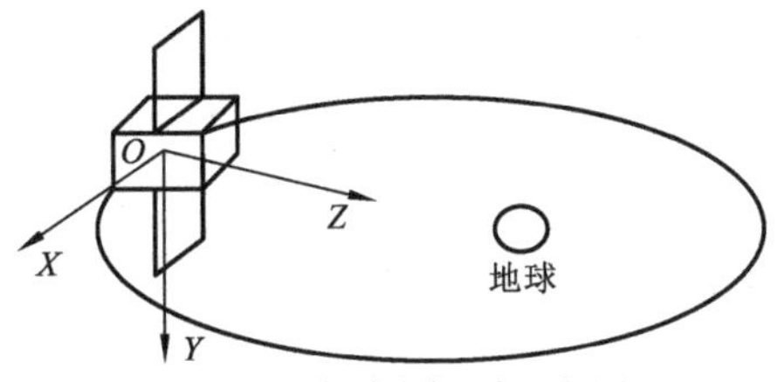

图 2.4　轨道坐标系示意图

本体坐标系与轨道坐标系的原点重合，可以通过三轴旋转完成坐标系间的相互转换。而旋转角度可通过卫星上搭载的测姿仪器获取。本体坐标 (x_b, y_b, z_b) 对应的轨道坐标 (x_o, y_o, z_o) 为

$$\begin{bmatrix} x_o \\ y_o \\ z_o \end{bmatrix} = \boldsymbol{R}_{\text{body}}^{\text{orbit}} \begin{bmatrix} x_b \\ y_b \\ z_b \end{bmatrix}, \quad \boldsymbol{R}_{\text{body}}^{\text{orbit}} = \boldsymbol{R}_y(\varphi_b)\boldsymbol{R}_x(\omega_b)\boldsymbol{R}_z(\kappa_b) \tag{2.3}$$

式中：$\boldsymbol{R}_{\text{body}}^{\text{orbit}}$ 为本体坐标系相对于轨道坐标系的转换矩阵；φ_b、ω_b、κ_b 是由星上测姿设备获取的本体坐标系相对于轨道坐标系的姿态角。

5. 地心惯性坐标系

地心惯性坐标系以地球质心为原点，由原点指向北天极为 Z 轴，原点指向春分点为 X 轴，Y 轴由右手坐标系规则确定，如图 2.5 所示。由于岁差章动等因素的影响，地心惯性坐标系的坐标轴指向会发生变化，给相关研究带来不便（Gunter，1998）。为此，国际组织选择某历元下的平春分、平赤道建立协议惯性坐标系。遥感几何定位中通常使用的是 J2000.0 历元下的平天球坐标系，本书称为 J2000 坐标系。

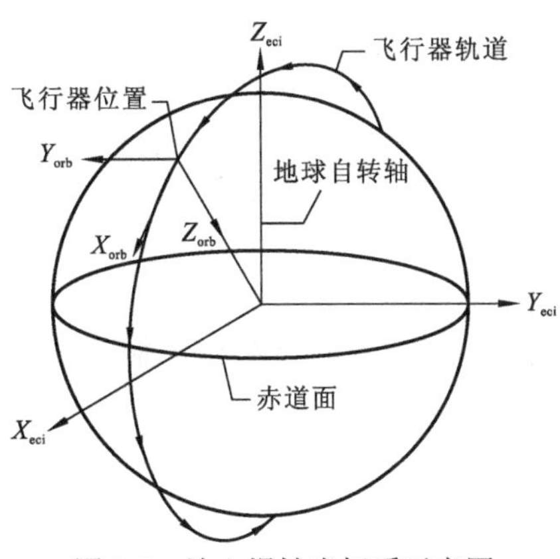

图 2.5　地心惯性坐标系示意图

假定 t 时刻卫星在 J2000 坐标系下的位置矢量为 $\boldsymbol{p}(t)=[X_{\mathrm{s}} \quad Y_{\mathrm{s}} \quad Z_{\mathrm{s}}]^{\mathrm{T}}$，速度矢量为 $\boldsymbol{v}(t)=[V_x \quad V_y \quad V_z]$，则 t 时刻轨道坐标系与 J2000 坐标系的转换矩阵为

$$\boldsymbol{R}_{\mathrm{orbit}}^{\mathrm{J2000}}=\begin{bmatrix} a_X & b_X & c_X \\ a_Y & b_Y & c_Y \\ a_Z & b_Z & c_Z \end{bmatrix}, \quad c=-\frac{\boldsymbol{p}(t)}{\|\boldsymbol{p}(t)\|}, \quad b=\frac{c\times\boldsymbol{v}(t)}{\|c\times\boldsymbol{v}(t)\|}, \quad a=b\times c \tag{2.4}$$

6. 地固坐标系

地固坐标系与地球固联，用以描述地面物体在地球上的位置。其原点位于地球质心，以地球自转轴为 Z 轴，由原点指向格林尼治子午线与赤道面交点为 X 轴，Y 轴由右手坐标系规则确定，如图 2.6 所示。

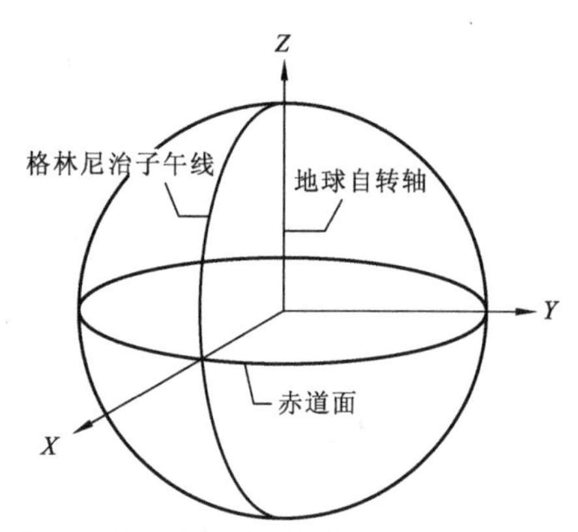

图 2.6　地固坐标系示意图（USGS，2013）

由于受到地球内部质量不均匀等因素的影响，地球自转轴相对于地球体产生运动，从而导致地固坐标系轴向变化。国际组织通过协议地极建立了协议地球坐标系。

地心惯性坐标系及地固坐标系的两种转换方式：传统的基于春分点的转换方式及基于天球中间零点的转换方式。图 2.7 以基于春分点的转换方式为例给出了转换流程（李广宇，2010）。

目前遥感影像几何处理中通常选用 WGS84 椭球框架下的协议地固坐标系，因此本书将其简称为 WGS84 坐标系。

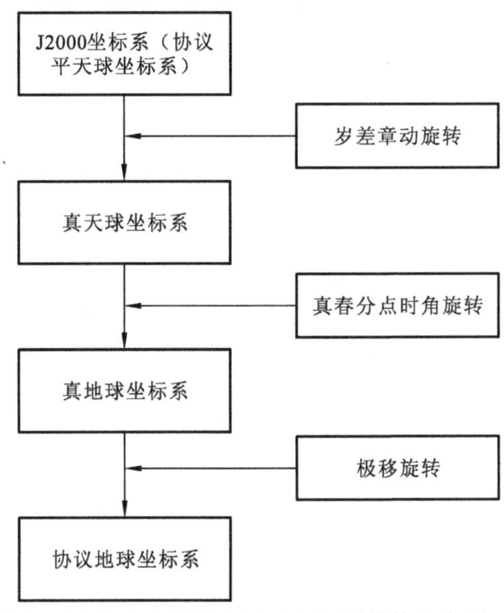

图 2.7　地心惯性坐标系与地固坐标系转换示意图

2.1.2　几何定位模型

光学卫星视频成像符合线中心投影原理，可依据经典共线方程建立其几何定位模型。

共线方程通常形式为

$$\begin{cases} x = -f\dfrac{a_1(X-X_S)+b_1(Y-Y_S)+c_1(Z-Z_S)}{a_3(X-X_S)+b_3(Y-Y_S)+c_3(Z-Z_S)} \\ y = -f\dfrac{a_2(X-X_S)+b_2(Y-Y_S)+c_2(Z-Z_S)}{a_3(X-X_S)+b_3(Y-Y_S)+c_3(Z-Z_S)} \end{cases} \tag{2.5}$$

式中：(x, y) 为像点的像平面坐标；(X, Y, Z) 为地面点坐标；(X_S, Y_S, Z_S) 为摄站坐标；a_i，b_i，c_i 为外方位元素组成的旋转矩阵 $\boldsymbol{R}$ 的参数；f 为相机主距。上式可转换为

$$\begin{bmatrix} X \\ Y \\ Z \end{bmatrix} = \begin{bmatrix} X_S \\ Y_S \\ Z_S \end{bmatrix} + m\boldsymbol{R}\begin{bmatrix} x \\ y \\ -f \end{bmatrix}, \quad \boldsymbol{R} = \begin{bmatrix} a_1 & a_2 & a_3 \\ b_1 & b_2 & b_2 \\ c_1 & c_2 & c_3 \end{bmatrix} \tag{2.6}$$

式中：m 为比例系数。由上式可知，基于三点共线原理的几何定位过程可以看成像方到地面的坐标系转换过程。

相机随着卫星的运动进行瞬时面阵成像，每帧影像符合中心投影原理。依据相关坐标系定义及转换，可构建光学卫星视频几何定位模型如下：

$$\begin{bmatrix} X \\ Y \\ Z \end{bmatrix}_{\text{WGS84}} = \begin{bmatrix} X_S \\ Y_S \\ Z_S \end{bmatrix}_{\text{WGS84}} + m\boldsymbol{R}_{\text{J2000}}^{\text{WGS84}} \boldsymbol{R}_{\text{body}}^{\text{J2000}} \boldsymbol{R}_{\text{camera}}^{\text{body}} \begin{bmatrix} x - x_0 \\ y - y_0 \\ -f \end{bmatrix}_{\text{camera}} \tag{2.7}$$

式中：$\begin{bmatrix} X \\ Y \\ Z \end{bmatrix}_{\text{WGS84}}$ 为影像点(x, y)对应的地物点坐标；$\begin{bmatrix} X_S \\ Y_S \\ Z_S \end{bmatrix}_{\text{WGS84}}$ 为轨道位置；$\boldsymbol{R}_{\text{J2000}}^{\text{WGS84}}$ 为J2000坐标系与WGS84坐标系的转换矩阵，可根据IERS公布方法计算；$\boldsymbol{R}_{\text{body}}^{\text{J2000}}$ 为星上测量姿态四元数构建的旋转矩阵；$\boldsymbol{R}_{\text{camera}}^{\text{body}}$ 为载荷在卫星本体坐标系下的安装矩阵，描述载荷与卫星本体的相对关系，其值会在卫星发射前进行精密测量；$\begin{bmatrix} x - x_0 \\ y - y_0 \\ -f \end{bmatrix}_{\text{camera}}$ 为影像点在相机坐标系下的坐标，其中 x_0、y_0、f 描述相机主点、主距；m 为成像比例系数。

由光学卫星视频几何定位模型可以看出，影响几何定位精度的星上系统误差源包括：①姿态、轨道测量系统误差；②相机内方位元素误差；③设备安装误差，如GPS相位中心相对本体坐标原点的偏移、相机安装角度等。

1. 轨道模型

考虑卫星轨道运行的平稳性，可以在短时间内采用多项式拟合和拉格朗日内插对轨道进行建模，从而避开复杂的卫星受力分析（蒋永华，2015；张过，2005）。

1）轨道数据多项式拟合

通过卫星下传的离散轨道数据基于最小二乘算法可以拟合出卫星位置矢量、速度矢量与时间的多项式模型，利用该模型可以计算任意成像时刻的轨道数据。

多项式拟合方程为

$$\begin{cases} X = x_0 + x_1 t + x_2 t^2 + \cdots + x_n t^n \\ Y = y_0 + y_1 t + y_2 t^2 + \cdots + y_n t^n \\ Z = z_0 + z_1 t + z_2 t^2 + \cdots + z_n t^n \\ v_x = v_{x_0} + v_{x_1} t + v_{x_2} t^2 + \cdots + v_{x_n} t^n \\ v_y = v_{y_0} + v_{y_1} t + v_{y_2} t^2 + \cdots + v_{y_n} t^n \\ v_z = v_{z_0} + v_{z_1} t + v_{z_2} t^2 + \cdots + v_{z_n} t^n \end{cases} \tag{2.8}$$

式中：(X, Y, Z) 为卫星位置；(v_x, v_y, v_z) 为卫星速度；$(x_0, x_1, \cdots, x_n)$、$(y_0, y_1, \cdots, y_n)$、$(z_0, z_1, \cdots, z_n)$ 为位置多项式系数；$(v_{x_0}, v_{x_1}, \cdots, v_{x_n})$、$(v_{y_0}, v_{y_1}, \cdots, v_{y_n})$、$(v_{z_0}, v_{z_1}, \cdots, v_{z_n})$ 为速度多项式系数；t 为时间。

2）轨道数据拉格朗日内插

拉格朗日内插法是一种分段多项式模型，其最大优点是可以有效避免高阶多项式中存在的振荡现象。对卫星下传的时刻 t_i 的离散轨道数据矢量 $\boldsymbol{P}(t_i)$、$\boldsymbol{V}(t_i)$，采用邻近的 n 个离散数据按如下公式内插获取：

$$\begin{cases} \boldsymbol{P}(t)=\sum_{j=1}^{n}\dfrac{\boldsymbol{P}(t_i)\times\prod\limits_{\substack{i=1\\i\neq j}}^{n}(t-t_i)}{\prod\limits_{\substack{i=1\\i\neq j}}^{n}(t_j-t_i)} \\ \boldsymbol{V}(t)=\sum_{j=1}^{n}\dfrac{\boldsymbol{V}(t_i)\times\prod\limits_{\substack{i=1\\i\neq j}}^{n}(t-t_i)}{\prod\limits_{\substack{i=1\\i\neq j}}^{n}(t_j-t_i)} \end{cases} \tag{2.9}$$

式中：$\boldsymbol{P}(t_i)$ 为卫星下传的位置矢量；$\boldsymbol{V}(t_i)$ 为卫星下传的速度矢量；t_i 为卫星位置和速度对应的时间。

2. 姿态模型

对于姿态表示，常采用欧拉角和四元数两种形式。四元数预测方程为线性方程，具有表示方式非奇异，计算方便、精度高，表达无歧义性等特点，越来越多的卫星发布商采用姿态四元数的形式提供姿态文件。

由于四元数表达的是一个三维空间的旋转，有一个冗余量，可通过约束方程 $\boldsymbol{q}^{\mathrm{T}}\boldsymbol{q}=1$ 表示。

$$\boldsymbol{R}=\begin{bmatrix} 1-2q_2^2-2q_3^2 & 2(q_1q_2-q_3q_4) & 2(q_1q_3+q_2q_4) \\ 2(q_1q_2+q_3q_4) & 1-2q_1^2-2q_3^2 & 2(q_2q_3-q_1q_4) \\ 2(q_1q_3-q_2q_4) & 2(q_1q_4+q_2q_3) & 1-2q_1^2-2q_2^2 \end{bmatrix} \tag{2.10}$$

卫星下传的离散姿态四元数的内插方式主要包括两种：线性内插和球状线性内插。设 q_n 和 q_{n+1} 是四元数，则内插公式为

$$q(t)=c_0(t)q_n+c_1(t)q_{n+1} \tag{2.11}$$

线性内插简单、计算速度快，但却不平滑，无法精确拟合姿态的抖动，内插公式如下：

$$\begin{cases} c_0(t)=\dfrac{t_1-t}{t_1-t_0} \\ c_1(t)=\dfrac{t-t_0}{t_1-t_0} \end{cases} \tag{2.12}$$

球面线性内插可以产生较为平滑的姿态值，内插公式为

$$\begin{cases} c_0(t) = \dfrac{\sin(\theta \cdot (t_1 - t) / (t_1 - t_0))}{\sin\theta} \\ c_1(t) = \dfrac{\sin(\theta \cdot (t - t_0) / (t_1 - t_0))}{\sin\theta} \\ q_0 \cdot q_1 = \cos\theta \end{cases} \tag{2.13}$$

2.1.3 误差分析与建模

1. 轨道位置误差对几何定位的影响规律

将轨道位置误差分解为沿轨误差、垂轨误差、径向误差$(\Delta X, \Delta Y, \Delta Z)$。图 2.8 所示为沿轨向轨道位置误差对几何定位的影响。由图可知，当仅沿轨向轨道位置存在误差 ΔX 而姿态不存在误差，光线指向不发生变化，即 $\overline{SO} // \overline{S'O'}$，则由该误差引起的像点偏移可由 ΔX 表示，为平移误差。

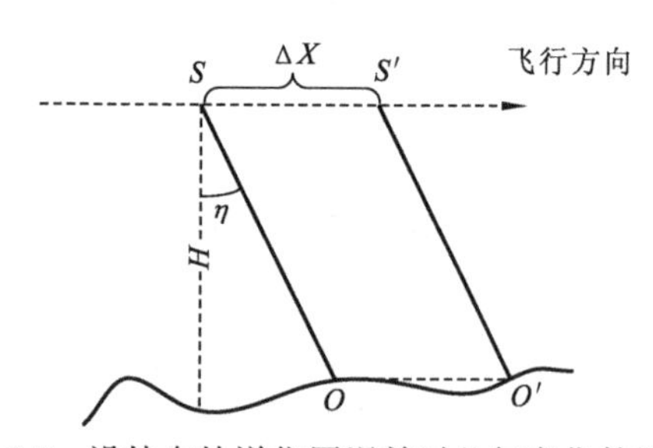

图 2.8　沿轨向轨道位置误差对几何定位的影响

$$\Delta x = \frac{\Delta X}{\mathrm{GSD}} \tag{2.14}$$

式中：GSD 为地面分辨率，忽略相机视场范围内的地球曲率变化，其跟成像角（俯仰角或侧摆角）η 的关系可简化为（何红艳 等，2003）

$$\mathrm{GSD} \approx \frac{\lambda_{\mathrm{ccd}} H}{f \cos^2 \eta} \tag{2.15}$$

式中：λ_{ccd} 为探元尺寸；H 为卫星轨道高度；f 为相机全距。则

$$\Delta x \approx \Delta X \frac{f \cos^2 \eta}{\lambda_{\mathrm{ccd}} H} \tag{2.16}$$

同样的，在图 2.9 中，当仅垂轨向存在位置误差 ΔY 而姿态不存在误差，$\overline{SO} // \overline{S'O'}$，该误差引起的像点偏移可由式（2.17）表示，同样为平移误差。

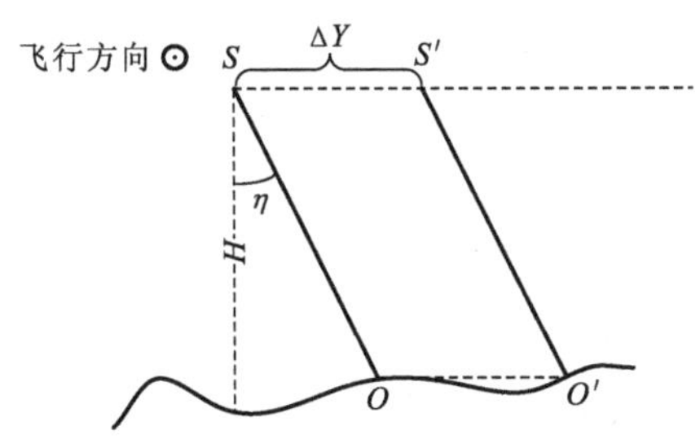

图 2.9　垂轨向轨道位置误差对几何定位精度的影响

$$\Delta y \approx \Delta Y \frac{f \cos^2 \eta}{\lambda_{\text{ccd}} H} \tag{2.17}$$

图 2.10 所示为轨道径向位置误差对几何定位的影响。考虑沿轨向与垂轨向规律的一致性，此处仅以垂轨方向为例进行阐述。假设成像光线与 SO 夹角为 ω，其由卫星侧摆角及探元视场角决定，令 $\omega = \gamma_{\text{roll}} + \varPsi$，其中 γ_{roll} 为卫星侧摆角，$\varPsi$ 为探元视场角，则

$$\Delta y \approx \frac{\Delta Z \cdot \tan(\gamma_{\text{roll}} + \varPsi)}{\text{GSD}} \tag{2.18}$$

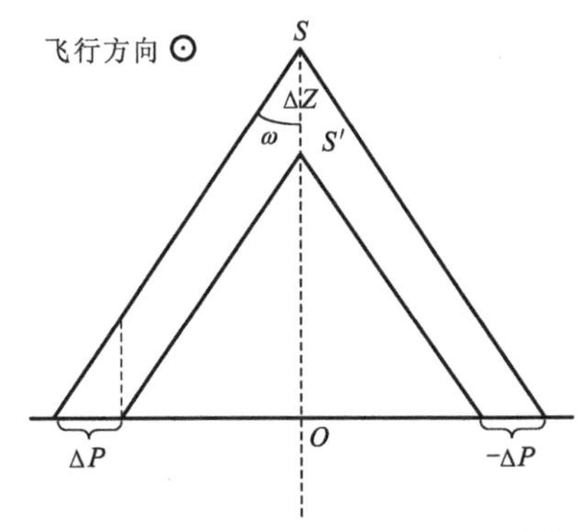

图 2.10　径向轨道位置误差对几何定位精度的影响

考虑国产在轨光学卫星视场角均较小，可对 $\tan(\gamma_{\text{roll}} + \varPsi)$ 近似为

$$\tan(\gamma_{\text{roll}} + \varPsi) = \tan \gamma_{\text{roll}} + \frac{1}{\cos^2 \gamma_{\text{roll}}} \varPsi \tag{2.19}$$

则式（2.19）可写成

$$\Delta y = \frac{\Delta Z \cdot \tan \gamma_{\text{roll}}}{\text{GSD}} + \frac{\Delta Z \cdot \dfrac{1}{\cos^2 \gamma_{\text{roll}}} \varPsi}{\text{GSD}} \tag{2.20}$$

由式（2.15）有

$$\Delta y = \Delta Z \cdot \frac{f}{\lambda_{\mathrm{ccd}} H} \cdot \sin\gamma_{\mathrm{roll}} \cos\gamma_{\mathrm{roll}} + \Delta Z \cdot \frac{f}{\lambda_{\mathrm{ccd}} H} \cdot \Psi \tag{2.21}$$

由式（2.21）可知，ΔZ 引起的定位误差为平移误差和比例误差，且比例误差与探元视场角 Ψ 呈正比。以资源三号正视相机为例，其主距 f 为 1.7 m，探元大小为 0.007 mm，全视场为 6°，即最大探元视场角为 3°，国内当前轨道测量精度普遍优于 10m，卫星最大侧摆能力 32°，则式（2.22）所示轨道径向误差引起的最大比例误差约为 0.25 m，小于 0.2 个星下点正视 GSD。而实际上，由于国内目前卫星平台搭载双频 GPS 测量设备并结合地面精密定轨处理，轨道精度可以达到数米甚至厘米量级，ΔZ 引起的比例误差较式（2.22）所示更小，从而该比例误差可以忽略。因此，对于国内在轨高分光学卫星而言，径向误差 ΔZ 引起的几何定位误差可以等同于平移误差。

$$\Delta = \Delta Z \cdot \frac{f}{\lambda_{\mathrm{ccd}} H} \cdot \Psi = 0.25\,\mathrm{m} \tag{2.22}$$

2. 姿态角误差对几何定位的影响规律

姿态角误差可以分为滚动角误差、俯仰角误差及偏航角误差。

图 2.11 所示为滚动角误差对几何定位的影响。$\overrightarrow{SO}$ 为真实光线指向，$\overrightarrow{SO'}$ 为带误差光线指向，$\Delta\omega$ 为滚动角误差，ψ 为成像探元的视场角，则由图中几何关系可知，滚动角引起的垂轨向像点偏移为

$$\Delta y = \frac{f}{\lambda_{\mathrm{ccd}} \cos\psi} \Delta\omega \tag{2.23}$$

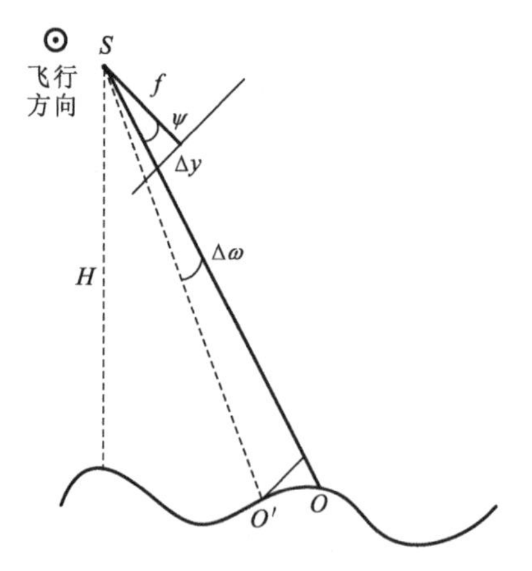

图 2.11　滚动角误差对几何定位的影响

由上式可知，滚动角引起的像点偏移与探元视场角有关。由于在轨光学视频卫星视场角较小，可以将滚动角引起的像点偏移当成平移误差。

由于俯仰角误差对几何定位的影响机理与滚动角误差一致，其引起的沿轨向像点偏移为

$$\Delta x = \frac{f}{\lambda_{\text{ccd}} \cos \eta} \Delta \varphi \tag{2.24}$$

式中：$\Delta \varphi$ 为俯仰角误差；η 为 CCD 阵列偏场角。由于 CCD 阵列的偏场角通常远小于相机视场角，根据对滚动角误差的相关分析可知，俯仰角误差引起的几何定位误差也可看成平移误差。

偏航角误差对几何定位的影响等同于 CCD 的旋转：

$$\begin{cases} \Delta x = x\left[1 - \cos(\Delta \kappa)\right] \\ \Delta y = x \sin(\Delta \kappa) \end{cases} \tag{2.25}$$

式中：x 为影像列；$\Delta \kappa$ 为偏航角误差。

3. 内方位元素误差对几何定位的影响规律

相机的内方位元素误差主要包括主点偏移误差、主距误差、探元尺寸误差、旋转误差、径向畸变和偏心畸变。

1）主点偏移误差

主点偏移误差对几何定位的影响为等效平移误差，即定位误差 $(\Delta x, \Delta y)$ 为

$$\begin{cases} \Delta x = \Delta x_0 \\ \Delta y = \Delta y_0 \end{cases} \tag{2.26}$$

式中：$(\Delta x_0, \Delta y_0)$ 为像主点偏移误差。

2）主距误差

基于经典共线方程对主距 f 求偏导，则

$$\begin{cases} \mathrm{d}x = \dfrac{a_1(X - X_{\mathrm{S}}) + b_1(Y - Y_{\mathrm{S}}) + c_1(Z - Z_{\mathrm{S}})}{a_3(X - X_{\mathrm{S}}) + b_3(Y - Y_{\mathrm{S}}) + c_3(Z - Z_{\mathrm{S}})} \mathrm{d}f \\ \mathrm{d}y = \dfrac{a_2(X - X_{\mathrm{S}}) + b_2(Y - Y_{\mathrm{S}}) + c_2(Z - Z_{\mathrm{S}})}{a_3(X - X_{\mathrm{S}}) + b_3(Y - Y_{\mathrm{S}}) + c_3(Z - Z_{\mathrm{S}})} \mathrm{d}f \end{cases} \tag{2.27}$$

假设 (X, Y, Z) 对应的真实相机坐标为 $(x'_{\mathrm{c}}, y'_{\mathrm{c}}, f')$，则

$$\begin{cases} \mathrm{d}x = \dfrac{x'_{\mathrm{c}}}{f'} \mathrm{d}f \\ \mathrm{d}y = \dfrac{y'_{\mathrm{c}}}{f'} \mathrm{d}f \end{cases} \tag{2.28}$$

可以看出，主距误差造成的几何定位误差为比例误差。

3）探元尺寸误差

由于地面测量精度所限及在轨温度等物理环境的影响，CCD 探元在轨实际尺寸可能与设计值存在差异。对于面阵 CCD，探元尺寸误差引入的垂轨、沿轨向定位误差，可表示为（Tadono et al.，2007）

$$\begin{cases}\Delta x=(x-x_0)\cdot\lambda_{\text{ccd}}\\ \Delta y=(y-y_0)\cdot\lambda_{\text{ccd}}\end{cases} \tag{2.29}$$

4）旋转误差

由于装配精度及在轨后的变化，安装位置通常会偏离理想位置而存在旋转误差。

如图 2.12 所示，假定面阵旋转角为 θ，图像中任意像点位置为(x,y)，像主点位置为(x_0, y_0)，旋转误差为$(\Delta x, \Delta y)$，则

$$\begin{cases}\Delta x=(x-x_0)\cdot\sin\theta\\ \Delta y=(y-y_0)\cdot(\cos\theta-1)\end{cases} \tag{2.30}$$

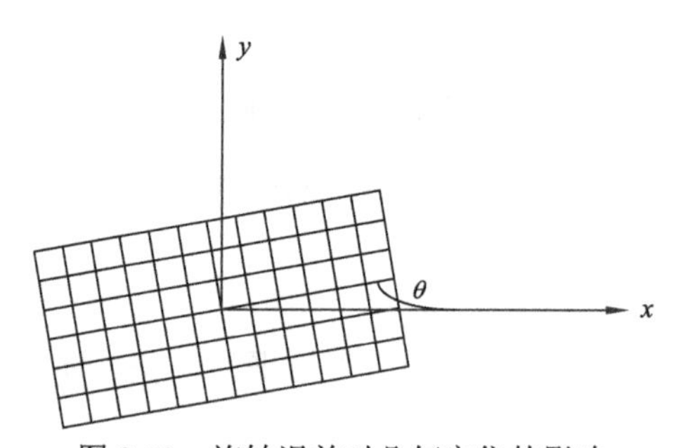

图 2.12　旋转误差对几何定位的影响

5）径向畸变

径向畸变是由镜头中透镜的曲面误差引起的，它使像点沿径向产生偏差。根据光学设计理论，径向畸变可采用下式所示的奇次多项式表示（张永军，2002；Fraser，1997；Brown，1971）

$$\Delta r=k_1r^3+k_2r^5+k_3r^7+\cdots \tag{2.31}$$

由径向畸变引起的像点偏移为

$$\begin{cases}\Delta x=k_1x_{\text{c}}r^2+k_2x_{\text{c}}r^4+k_3x_{\text{c}}r^6+\cdots\\ \Delta y=k_1y_{\text{c}}r^2+k_2y_{\text{c}}r^4+k_3y_{\text{c}}r^6+\cdots\end{cases} \tag{2.32}$$

式中：$r^2=x_{\text{c}}^2+y_{\text{c}}^2$；$k_i$ 为畸变系数；$(x_{\text{c}},y_{\text{c}})$为焦平面上任意点。

6）偏心畸变

星载光学成像系统通常由多个光学镜头组成，由于镜头制造及安装等误差的存在，多个光学镜头的中心不完全共线，从而产生偏心畸变，它们使成像点沿径向方向和垂直于径向的方向相对其理想位置都发生偏离，如图 2.13 所示。

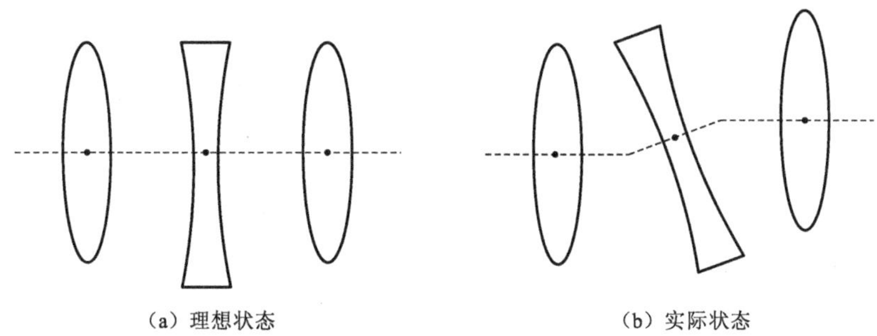

图 2.13　光学镜头不共线示意图

偏心畸变可表示为（Weng et al.，1992）

$$P(r)=\sqrt{P_1^2+P_2^2}\cdot r^2 \tag{2.33}$$

式中：P_i 为畸变系数。由偏心畸变引起的像点位移为

$$\begin{cases}\Delta x=[p_1(3x_c^2+y_c^2)+2p_2x_cy_c][1+p_3r^2+\cdots]\\ \Delta y=[p_2(3x_c^2+y_c^2)+2p_1x_cy_c][1+p_3r^2+\cdots]\end{cases} \tag{2.34}$$

式中：(x_c, y_c)为焦平面上任意点位置。

4. 设备安装误差对几何定位的影响规律

设备安装误差主要包括 GPS 相位中心与本体中心的平移误差、相机坐标原点与本体中心平移误差及相机安装角误差。显然，设备安装中的平移误差与轨道位置误差等效，而相机安装角误差与姿态误差等效。因此，此处不再赘述。

2.1.4　外方位元素几何定标

外方位元素检校模型的本质是建立设备安装误差和姿轨测量误差的补偿模型。根据上面的分析，设备安装误差与姿轨测量误差等效，因此仅需根据姿轨测量误差特性构建补偿模型。

星载载荷视场较小，轨道位置误差引起的几何定位误差为平移误差，与俯仰角误差、滚动角误差具有等效性；图 2.14 直观地展示了轨道位置误差与姿态误差的等效性。以图 2.14（a）为例，S 为卫星真实位置，S'为卫星带误差位置，可认为卫星位置不存在误差，而俯仰角存在$\Delta\varphi$的误差。

将轨道位置误差等平移误差等效为姿态角误差，采用偏置矩阵 $\boldsymbol{R}_u$ 补偿姿态误差，修正真实光线指向与带误差光线指向间的偏差，则

$$\begin{bmatrix}X\\Y\\Z\end{bmatrix}_{\text{WGS84}}=\begin{bmatrix}X_s\\Y_s\\Z_s\end{bmatrix}_{\text{WGS84}}+m\boldsymbol{R}_{\text{J2000}}^{\text{WGS84}}\boldsymbol{R}_{\text{body}}^{\text{J2000}}\boldsymbol{R}_u\boldsymbol{R}_{\text{camera}}^{\text{body}}\begin{bmatrix}x-x_0\\y-y_0\\-f\end{bmatrix} \tag{2.35}$$

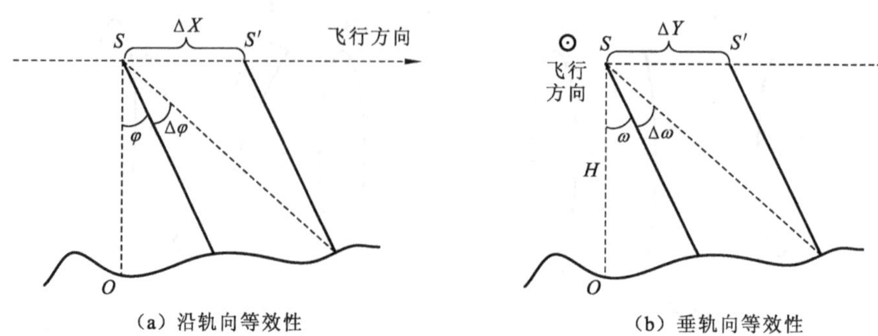

图 2.14　轨道误差与姿态误差等效性示意图

式中：$\boldsymbol{R}_u$ 为正交旋转矩阵，可分别绕 y 轴、x 轴、z 轴旋转角度 φ_u、ω_u、κ_u 得到。即

$$\boldsymbol{R}_u=\begin{bmatrix} a_1 & a_2 & a_3 \\ b_1 & b_2 & b_3 \\ c_1 & c_2 & c_3 \end{bmatrix}=\begin{bmatrix} \cos\varphi_u & 0 & \sin\varphi_u \\ 0 & 1 & 0 \\ -\sin\varphi_u & 0 & \cos\varphi_u \end{bmatrix}\begin{bmatrix} 1 & 0 & 0 \\ 0 & \cos\omega_u & -\sin\omega_u \\ 0 & \sin\omega_u & \cos\omega_u \end{bmatrix}\begin{bmatrix} \cos\kappa_u & -\sin\kappa_u & 0 \\ \sin\kappa_u & \cos\kappa_u & 0 \\ 0 & 0 & 1 \end{bmatrix} \tag{2.36}$$

式（2.35）可写成

$$(\boldsymbol{R}_{\text{J2000}}^{\text{WGS84}}\boldsymbol{R}_{\text{body}}^{\text{J2000}})^{-1}\begin{bmatrix} X-X_{\text{S}} \\ Y-Y_{\text{S}} \\ Z-Z_{\text{S}} \end{bmatrix}=m\boldsymbol{R}_u\boldsymbol{R}_{\text{camera}}^{\text{body}}\begin{bmatrix} f\cdot\tan\psi \\ (y_i-y_0)\cdot\lambda_{\text{ccd}} \\ f \end{bmatrix} \tag{2.37}$$

令

$$\begin{bmatrix} x_{\text{b}} \\ y_{\text{b}} \\ z_{\text{b}} \end{bmatrix}=\boldsymbol{R}_{\text{camera}}^{\text{body}}\begin{bmatrix} f\cdot\tan\psi \\ (y_i-y_0)\cdot\lambda_{\text{ccd}} \\ f \end{bmatrix},\quad \begin{bmatrix} X_{\text{b}} \\ Y_{\text{b}} \\ Z_{\text{b}} \end{bmatrix}=(\boldsymbol{R}_{\text{J2000}}^{\text{WGS84}}\boldsymbol{R}_{\text{body}}^{\text{J2000}})^{-1}\begin{bmatrix} X-X_{\text{S}} \\ Y-Y_{\text{S}} \\ Z-Z_{\text{S}} \end{bmatrix}$$

则

$$\begin{bmatrix} X_{\text{b}} \\ Y_{\text{b}} \\ Z_{\text{b}} \end{bmatrix}=m\boldsymbol{R}_u\begin{bmatrix} x_{\text{b}} \\ y_{\text{b}} \\ z_{\text{b}} \end{bmatrix} \tag{2.38}$$

显然，$(X_{\text{b}}\quad Y_{\text{b}}\quad Z_{\text{b}})^{\text{T}}$ 是由地面点坐标确定的光线本体系下的指向；而 $(x_{\text{b}}\quad x_{\text{b}}\quad x_{\text{b}})^{\text{T}}$ 是由像方坐标确定的光线本体系下的指向；$\boldsymbol{R}_u$ 用于修正两者的偏差从而实现姿态误差补偿。

展开式（2.38），可化为

$$\begin{cases} f_x=\dfrac{\overline{X}}{\overline{\overline{Z}}}-\dfrac{x_{\text{b}}}{z_{\text{b}}}=0 \\ f_y=\dfrac{\overline{Y}}{\overline{\overline{Z}}}-\dfrac{y_{\text{b}}}{z_{\text{b}}}=0 \end{cases} \tag{2.39}$$

其中

$$\begin{bmatrix} \overline{X} \\ \overline{Y} \\ \overline{Z} \end{bmatrix} = \begin{bmatrix} a_1 \cdot X_b + b_1 \cdot Y_b + c_1 \cdot Z_b \\ a_2 \cdot X_b + b_2 \cdot Y_b + c_2 \cdot Z_b \\ a_3 \cdot X_b + b_3 \cdot Y_b + c_3 \cdot Z_b \end{bmatrix} \tag{2.40}$$

对上式进行线性化并构建误差方程：

$$v = \boldsymbol{Ax} - \boldsymbol{l}, p \tag{2.41}$$

其中：$\boldsymbol{x}$ 为 $(\mathrm{d}\varphi_b \quad \mathrm{d}\omega_b \quad \mathrm{d}\kappa_b)^{\mathrm{T}}$；$\boldsymbol{l}$ 为根据初值计算的 $(-f_x^0 \quad -f_y^0)^{\mathrm{T}}$；$p$ 为观测权值；$\boldsymbol{A}$ 为系数矩阵 $\begin{bmatrix} \dfrac{\partial f_x}{\partial \varphi_b} & \dfrac{\partial f_x}{\partial \omega_b} & \dfrac{\partial f_x}{\partial \kappa_b} \\ \dfrac{\partial f_y}{\partial \varphi_b} & \dfrac{\partial f_y}{\partial \omega_b} & \dfrac{\partial f_y}{\partial \kappa_b} \end{bmatrix}$，具体为

$$\begin{cases} \dfrac{\partial f_x}{\partial \varphi_b} = \dfrac{(b_3 \cdot \overline{Y} - b_2 \cdot \overline{Z})\overline{Z} - (b_2 \cdot \overline{X} - b_1 \cdot \overline{Y})\overline{X}}{\overline{Z}^2} \\ \dfrac{\partial f_x}{\partial \omega_b} = \dfrac{\sin\kappa_b \cdot \overline{Z}^2 + (\sin\kappa_b \cdot \overline{X} + \cos\kappa_b \cdot \overline{Y})\overline{X}}{\overline{Z}^2} \\ \dfrac{\partial f_x}{\partial \kappa_b} = \dfrac{\overline{Y} \cdot \overline{Z}}{\overline{Z}^2} \\ \dfrac{\partial f_y}{\partial \varphi_b} = \dfrac{(b_1 \cdot \overline{Z} - b_3 \cdot \overline{X})\overline{Z} - (b_2 \cdot \overline{X} - b_1 \cdot \overline{Y})\overline{Y}}{\overline{Z}^2} \\ \dfrac{\partial f_y}{\partial \omega_b} = \dfrac{\cos\kappa_b \cdot \overline{Z}^2 + (\sin\kappa_b \cdot \overline{X} + \cos\kappa_b \cdot \overline{Y})\overline{Y}}{\overline{Z}^2} \\ \dfrac{\partial f_y}{\partial \kappa_b} = -\dfrac{\overline{X} \cdot \overline{Z}}{\overline{Z}^2} \end{cases}$$

则

$$\boldsymbol{x} = (\boldsymbol{A}^{\mathrm{T}}\boldsymbol{PA})^{-1}\boldsymbol{A}^{\mathrm{T}}\boldsymbol{PL} \tag{2.42}$$

偏置矩阵中待求未知数为三个偏置角，而一个平高控制点可列两个方程。因此，理论上两个控制点即可解求偏置矩阵。

2.1.5 内方位元素几何定标

根据对面阵相机内方位元素误差的分析，建立如下内定标模型：

$$\begin{cases} \Delta x = \Delta x_0 + s_1\overline{x} + s_2\overline{y} + (k_1 r^2 + k_2 r^4)\overline{x} + p_1(r^2 + 2\overline{x}^2) + 2p_2\overline{xy} \\ \Delta y = \Delta y_0 + s_3\overline{x} + s_4\overline{y} + (k_1 r^2 + k_2 r^4)\overline{y} + 2p_1\overline{xy} + p_2(r^2 + 2\overline{y}^2) \end{cases} \tag{2.43}$$

式中：$\Delta x_0, \Delta y_0$ 为主点误差；s_1、s_2、s_3、s_4 为比例误差系数；k_1、k_2、p_1、p_2

为镜头畸变参数；$(\bar{x},\bar{y})=(x-x_0,y-y_0)$；$r^2=\bar{x}^2+\bar{y}^2$。

将严密成像几何模型转换为

$$\begin{bmatrix} X-X_S \\ Y-Y_S \\ Z-Z_S \end{bmatrix}_{\text{WGS84}} = m\boldsymbol{R}_{\text{camera}}^{\text{WGS84}} \begin{bmatrix} x-x_0-\Delta x \\ y-y_0-\Delta y \\ f \end{bmatrix} \tag{2.44}$$

记 $\boldsymbol{R}_{\text{camera}}^{\text{WGS84}}=\boldsymbol{R}_{\text{J2000}}^{\text{WGS84}}\boldsymbol{R}_{\text{body}}^{\text{J2000}}\boldsymbol{R}_U\boldsymbol{R}_{\text{camera}}^{\text{body}}=\begin{bmatrix} a_1 & a_2 & a_3 \\ b_1 & b_2 & b_3 \\ c_1 & c_2 & c_3 \end{bmatrix}$

则有

$$\begin{cases} x-x_0-\Delta x = f\dfrac{a_1(X-X_S)+b_1(Y-Y_S)+c_1(Z-Z_S)}{a_3(X-X_S)+b_3(Y-Y_S)+c_3(Z-Z_S)} \\ y-y_0-\Delta y = f\dfrac{a_2(X-X_S)+b_2(Y-Y_S)+c_2(Z-Z_S)}{a_3(X-X_S)+b_3(Y-Y_S)+c_3(Z-Z_S)} \end{cases} \tag{2.45}$$

构建观测方程

$$\begin{cases} f_x = f\dfrac{a_1(X-X_S)+b_1(Y-Y_S)+c_1(Z-Z_S)}{a_3(X-X_S)+b_3(Y-Y_S)+c_3(Z-Z_S)}-(x-x_0-\Delta x) \\ f_y = f\dfrac{a_2(X-X_S)+b_2(Y-Y_S)+c_2(Z-Z_S)}{a_3(X-X_S)+b_3(Y-Y_S)+c_3(Z-Z_S)}-(y-y_0-\Delta y) \end{cases} \tag{2.46}$$

按最小二乘列出误差方程

$$\boldsymbol{V}_1=\boldsymbol{B}_1\boldsymbol{x}-\boldsymbol{l}_1,\boldsymbol{W}_1 \tag{2.47}$$

式中：$\boldsymbol{W}_1$ 为权矩阵。

$$\boldsymbol{B}_1=\begin{bmatrix} 1 & 0 & \bar{x} & \bar{y} & 0 & 0 & r^2\bar{x} & r^4\bar{x} & r^2+2\bar{x}^2 & 2\overline{xy} \\ 0 & 1 & 0 & 0 & \bar{x} & \bar{y} & r^2\bar{y} & r^4\bar{y} & 2\overline{xy} & r^2+2\bar{x}^2 \end{bmatrix}$$

$$\boldsymbol{l}_1=\begin{bmatrix} -f_x^0 \\ -f_y^0 \end{bmatrix}=\begin{bmatrix} (x-x_0)-f\dfrac{a_1(X-X_S)+b_1(Y-Y_S)+c_1(Z-Z_S)}{a_3(X-X_S)+b_3(Y-Y_S)+c_3(Z-Z_S)} \\ (y-y_0)-f\dfrac{a_2(X-X_S)+b_2(Y-Y_S)+c_2(Z-Z_S)}{a_3(X-X_S)+b_3(Y-Y_S)+c_3(Z-Z_S)} \end{bmatrix}$$

$$\boldsymbol{x}=[\Delta x_0,\Delta y_0,s_1,s_2,s_3,s_4,k_1,k_2,p_1,p_2]'$$

利用最小二乘原理 $\boldsymbol{x}=(\boldsymbol{B}_1^{\text{T}}\boldsymbol{B}_1)^{-1}\boldsymbol{B}_1^{\text{T}}\boldsymbol{l}_1$，由此计算出内定标模型参数。

2.1.6 吉林一号视频面阵影像定标验证

1. 定标数据说明

课题组收集了覆盖我国河南嵩山区域的 1：2000 数字正射影像及数字高程模

型作为检校控制数据，如图 2.15 所示。河南区域覆盖范围约为 50 km（西东）× 50 km（南北），区域内主要为丘陵地形，最大高差不超过 1 500 m；区域正射影像分辨率均优于 0.2 m，数字高程模型分辨率优于 1 m。

（a）正射影像

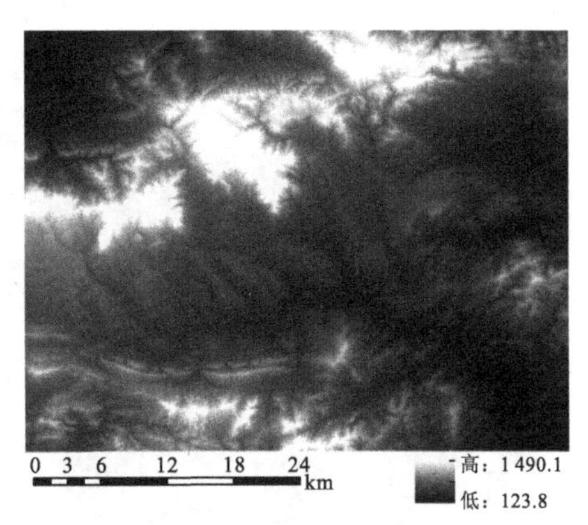

（b）数字高程模型

图 2.15　河南嵩山检校场 1∶2 000 正射影像及数字高程模型

课题组收集了 2016 年 8 月 31 日成像的河南嵩山区域的吉林一号视频相机的影像进行几何定标；该影像长宽为 4 096×3 072 像素，分辨率为 1 m，成像俯仰角为 17.8°，侧摆角为 9.5°，如图 2.16 所示。

图 2.16　吉林一号视频面阵影像数据

2. 几何定标结果及分析

利用高精度匹配算法对吉林一号视频影像和数字正射影像进行匹配，获取高精度控制点 915 个。控制点分布如图 2.17 所示。

图 2.17　定标控制点分布

几何定标结果如表 2.1 所示。

表 2.1　几何定位精度对比　　（单位：像素）

精度	沿轨			垂轨			平面精度
	MAX	MIN	RMS	MAX	MIN	RMS	
偏置矩阵	19.22	0.03	10.14	16.18	0.10	8.79	13.42
内定标	0.38	0.00	0.17	0.29	0.00	0.15	0.23

如表 2.1 所示，吉林一号视频面阵相机原始内方位元素存在较大误差，消除外方位元素误差后的定位精度约为 13 个像素；从图 2.18 所示残差图可以看出，该面阵相机的内方位元素误差以沿轨、垂轨向比例误差为主。利用本章建立的内定标模型完成几何检校，定位精度提升到 0.23 个像素左右；从图 2.19 所示残差图可以看出，定标后无系统误差残留，能够很好地补偿相机畸变。

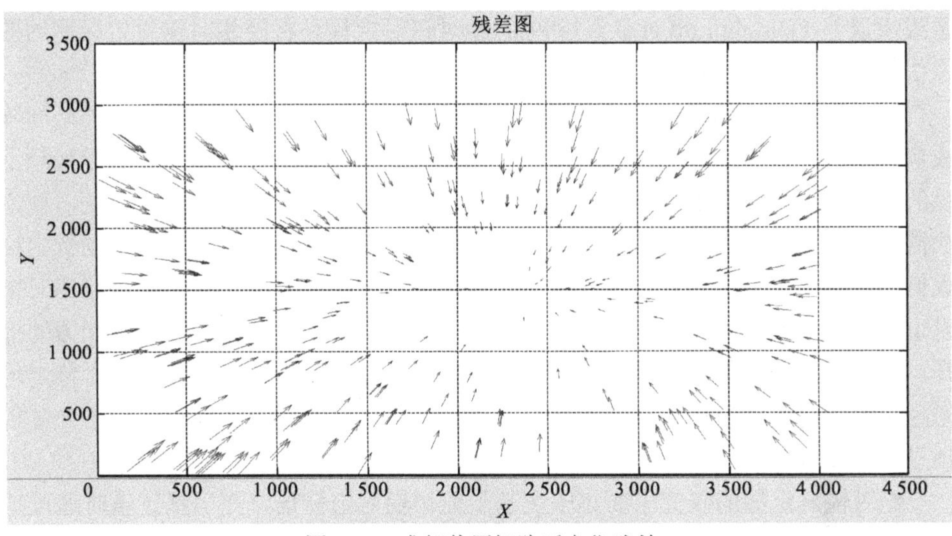

图 2.18　求解偏置矩阵后定位残差

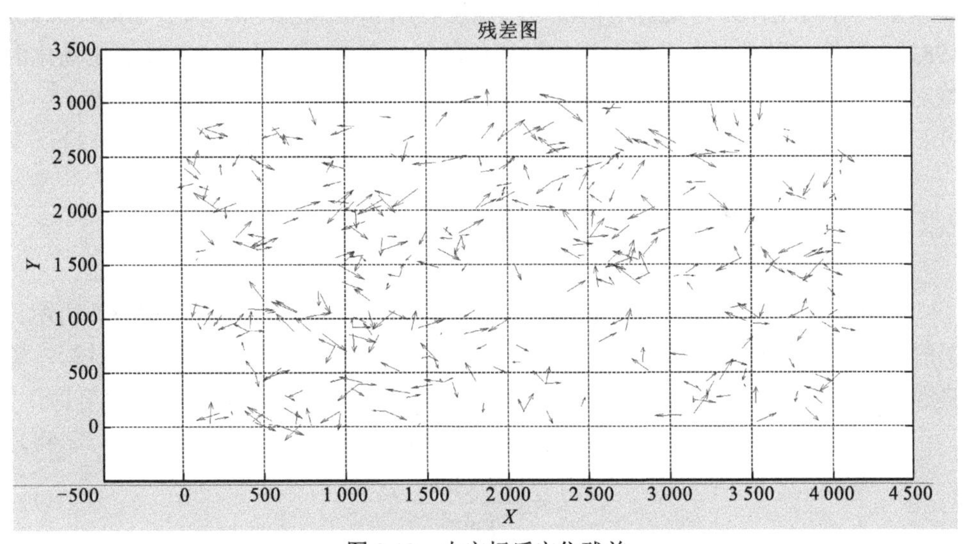

图 2.19　内定标后定位残差

2.2　光学卫星视频辐射定标

遥感传感器辐射定标是建立遥感传感器输出的数字量化值与传感器入瞳处的辐射亮度值之间的定量关系，包含绝对辐射定标和相对辐射定标。相对辐射定标是标定由传感器成像通道中的各个探测器之间的响应及偏置不均匀性、每个探元固有噪声和暗电流不一致性及探测器外围电路特征差异的响应不一致所造成的图像成像误差（Dingluirard et al.，1999）；绝对辐射定标是将经相对辐射定标后的图像信息依据统一参考转换为辐射亮度。

相较于常规线阵推扫式成像光学遥感卫星而言，光学视频卫星搭载的是面阵成像载荷。而适用于限制推扫载荷的在轨统计定标方法则难以适用于光学视频卫星的面阵载荷，一般采用基于地表大面积均匀定标场的相对辐射定标方法，该方法需要多次对不同亮度区域的均匀定标场，如海洋、沙漠、云雪等均匀场景定标成像，在假设卫星传感器为线性响应时通常采用一种中亮度区均匀场进行相对辐射定标（Smiley et al.，2014）。随着光学视频卫星对地凝视及敏捷拍摄能力的提升，光学视频卫星对地表同一地区多次成像能力加强，将光学视频卫星对特定均匀区域以特定角度拍摄多张影像用于相对辐射定标，在一定程度上摆脱了光学视频卫星定标对地表均匀场地的依赖，提升了定标效率。

绝对辐射定标的研究主要集中在基于地面辐射定标场，在卫星过境时通过地面或飞机上准同步测量，实现遥感卫星的在轨绝对辐射定标，其方法根据地面同步测量内容的差异分为反射率基法、辐亮度基法和辐照度基法三种（Slater et al.，1987）。另外，利用光学视频卫星的敏捷机动能力可对月球成像，可发展无场化的绝对辐射定标，如对月球成像定标（Thomas，2003）实现对 PLEIADES-1A 和 PLEIADES-1B 之间绝对辐射定标，定标精度优于 2%（Vincent et al.，2013）。

2.2.1 基于多帧序列的相对辐射定标

卫星传感器对地物入瞳辐亮度响应常采用线性响应模型，如式（2.48）所示。辐射定标就是通过一系列手段确定式（2.49）中的增益系数和偏置系数的过程，最终经过定标将传感器记录的数字量化值转换为具有物理意义的地物辐亮度信息。

$$\mathrm{DN} = L \cdot \mathrm{gain} + \mathrm{bias} \tag{2.48}$$

$$L = \frac{\mathrm{DN} - \mathrm{bias}}{\mathrm{gain}} \tag{2.49}$$

式中：DN 为遥感影像像元灰度值；L 为地物在大气顶部的辐射能量值；gain 为图像增益系数；bias 为偏置系数。

如果辐射定标过程中不考虑图像灰度值的物理意义，只是标定传感器各个探元间的响应关系系数则为相对辐射定标，此时式（2.49）中 L 可以换成一个其他各个探元统一的基准，在相对辐射定标过程中常常采用传感器所有探元的灰度均值。

基于多帧序列的相对辐射定标方法通过对均匀场景区域（如云、海洋、雪等）成像获取多帧序列图像，对单帧序列图像进行暗电流校正，以 Bayer 面阵单波段有效探元均值为相对定标基准，实现 Bayer 面阵各波段探元间响应不一致性标定。

其算法流程如下所示。

对单帧序列视频图像依据式（2.50）进行暗电流校正处理：

$$\overline{\mathrm{DN}_j} = \frac{1}{n}\sum_{i=1}^{n}\mathrm{DN}_{i,j} - \mathrm{bias} \tag{2.50}$$

基于式（2.51）获取面阵探元相对辐射定标基准：

$$\overline{\mathrm{DN}} = \sum_{j=1}^{\mathrm{DetNums}}\overline{\mathrm{DN}_j} \tag{2.51}$$

根据式（2.52）获取面阵传感器各个探元增益系数：

$$\mathrm{gain}_j = \frac{\overline{\mathrm{DN}_j}}{\overline{\mathrm{DN}}} \tag{2.52}$$

式中：j 为探元序号；n 为视频帧序号；DetNums 为吉林一号视频星传感器探元个数。

2.2.2　基于地表非均匀场地的无场相对辐射定标

基于视频卫星敏捷成像能力，相关学者（Zhang et al.，2019）提出基于地表非均匀场地的无场相对辐射定标方法，利用视频卫星对特定均匀区域以特定角度拍摄多张影像用于相对辐射定标。该方法可实现利用任意复杂帧序列图像进行定标，提升了定标效率，其主要思路如下。

根据视频传感器探元成像方向及卫星平台运动模式决定视频卫星不同成像模式：凝视成像模式和平飞成像模式。凝视成像模式是视频卫星最常用的一种成像模式，平飞成像模式根据卫星平台机动能力可分三种，简要描述如下。

沿轨向和垂轨向平飞成像模式（模式 1）：视频卫星按沿轨向和垂轨向分别平飞稳定拍摄任意区域(图 2.20)。沿轨向平飞垂轨向旋转后平飞成像模式(模式 2)：视频卫星沿轨向平飞推扫成像，视频面阵探元完全覆盖同一地物后旋转 90° 平飞推扫成像同一区域（图 2.21）。无规律平飞成像模式（模式 3）：视频卫星可任意平飞成像（图 2.22）。

三种模式都要求视频卫星以平飞成像模式成像，实现视频面阵传感器多探元对同一地物多次观测；若视频卫星是凝视模式成像，当卫星凝视固定某一地物范围成像时则成像获得的帧序列图像是视频面阵传感器某一探元对某一地物多次重复观测，无法实现视频面阵传感器多探元对同一地物多次观测，由于凝视成像模式多帧序列间无像素移动，对视频面阵传感器每个探元而言其响应模型上只有一个样本点（只有一个地物对应的一个亮度等级），只能进行简单的单点辐射定标，无法实现视频面阵传感器探元响应模型范围内高精度相对辐射定标。因此，算法通过视频卫星平飞成像模式成像，使得面阵传感器多探元对同一地物多次观测，

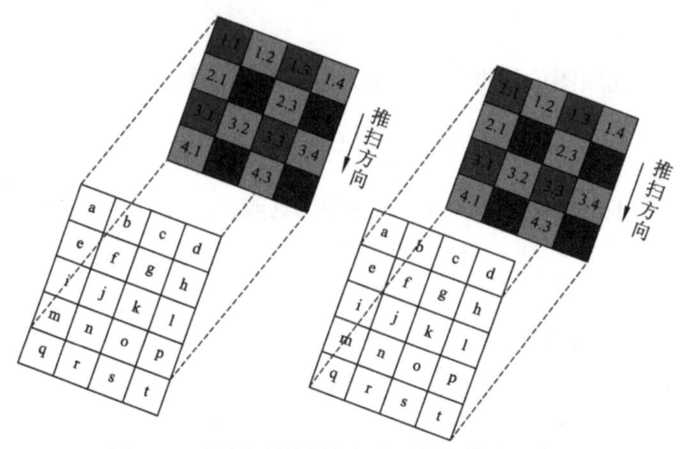

图 2.20　视频卫星沿轨向平飞推扫模式示意图

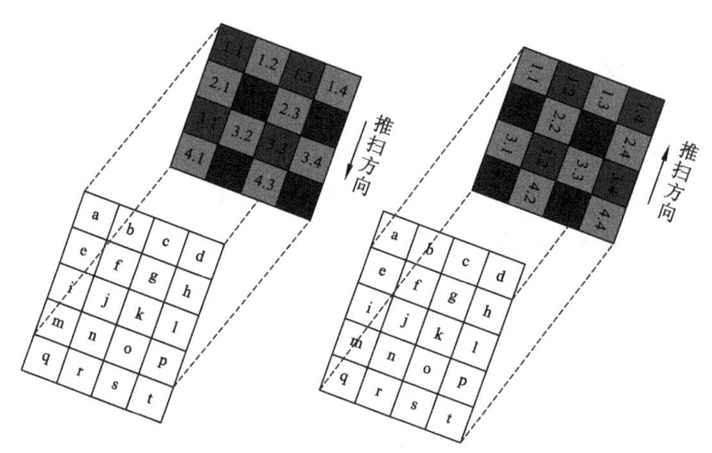

图 2.21　视频卫星沿轨向平飞垂轨向旋转平飞推扫模式示意图

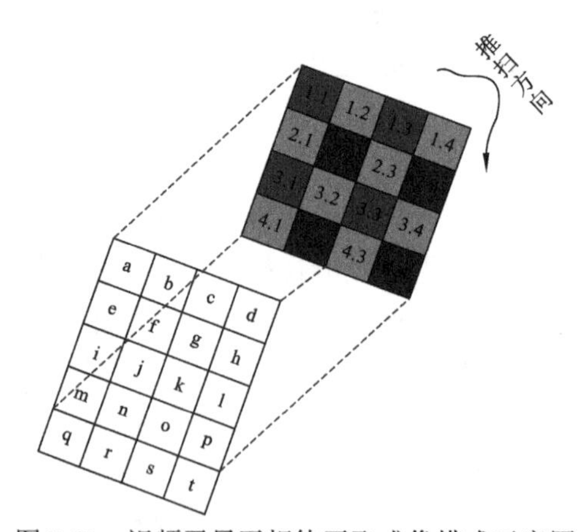

图 2.22　视频卫星无规律平飞成像模式示意图

利用视频卫星多帧频特性估计真实地物图像。视频卫星帧频较高可获得多帧序列图像，对视频面阵传感器单个探元而言其响应模型上有多个样本点，理想情况下样本点个数与视频单帧图像高度一致，因此可建立视频面阵传感器探元响应范围内相对定标模型，实现视频卫星的在轨相对辐射标定。

2.2.3　异常探元定标

卫星传感器在轨后面阵探测器会出现异常探元，这些异常探元通常可分为三类：坏探元、高亮探元、死探元。坏探元的灰度响应一般不为 0，其灰度值相比其他探元正常响应低；高亮探元响应度过高，无论入瞳辐亮度多大，其响应总是过高或饱和，在图像中体现为高亮；死探元无论入瞳辐亮度多大，该探元总是没有响应，其灰度值极低。

异常探元在轨处理中分为异常探元位置定位和异常探元处理。吉林一号视频卫星传感器在实验室定标时并未发现异常探元，其异常探元均为在轨后出现；因此采用基于多帧序列定标的方式探测异常探元位置，利用 Bayer 面阵相邻探元插值的方式补偿异常探元响应。

经在轨相对辐射定标后，Bayer 面阵各探元的增益系数分布于 1.0 左右，通过对相对辐射定标的增益系数分析，可定位面阵异常探元；如果某个探元的增益系数大于阈值 a，则该探元为死探元或坏探元；如果某个探元增益系数小于阈值 b，则该探元为高亮探元；实验室中阈值 a 取 1.5，阈值 b 取 0.5。

由于吉林一号视频星焦面采用 Bayer 模板阵列，在进行异常探元插值处理时需要针对不同成像通道进行处理。

对红色波段和蓝色波段，当异常探元位于第一列时，采用式（2.53）进行处理。

$$\mathrm{DN}_{n,1}=\frac{1}{3}(\mathrm{DN}_{n-2,1}+\mathrm{DN}_{n+2,1}+\mathrm{DN}_{n,3}) \tag{2.53}$$

当异常探元位于最后一列时，采用式（2.54）处理。

$$\mathrm{DN}_{n,m-1}=\frac{1}{3}(\mathrm{DN}_{n-2,m-1}+\mathrm{DN}_{n+2,m-1}+\mathrm{DN}_{n,m-3}) \tag{2.54}$$

当异常探元位不在图像边缘时，按式（2.55）插值处理：

$$\mathrm{DN}_{n,m}=\frac{1}{4}(\mathrm{DN}_{n-2,m}+\mathrm{DN}_{n+2,m}+\mathrm{DN}_{n,m-2}+\mathrm{DN}_{n,m+2}) \tag{2.55}$$

对绿色波段，当异常探元位于第一列时，采用式（2.56）进行处理。

$$\mathrm{DN}_{n,1}=\frac{1}{2}(\mathrm{DN}_{n-1,2}+\mathrm{DN}_{n+1,2}) \tag{2.56}$$

当异常探元位于最后一列时，采用式（2.57）处理。

$$DN_{n,m-1}=\frac{1}{2}(DN_{n-1,m-2}+DN_{n+1,m-2}) \tag{2.57}$$

当异常探元位不在图像边缘时，按式（2.58）插值处理。

$$DN_{n,m}=\frac{1}{4}(DN_{n-1,m-1}+DN_{n+1,m+1}+DN_{n+1,m-1}+DN_{n+1,m+1}) \tag{2.58}$$

上述公式中，n 为影像行数，m 为影像列。

如果存在两个异常探元相邻时，将上述插值公式根据距离进行加权处理即可；如果存在三个以上异常探元相邻，则不做处理。

2.2.4 实验结果与分析

实验利用吉林一号视频星 2015 年 11 月 13 日圣地亚哥海域成像视频数据，本次成像共计 1 103 帧图像数据，其中可用于在轨相对辐射定标数据 265 帧。

如表 2.2 所示，定标用 265 帧图像蓝色波段平均非均匀性为 7.24%，绿色波段平均非均匀性为 4.74%，红色波段平均非均匀性为 4.67%。

表 2.2　定标用 265 帧图像非均匀性

波段		均值	标准差	非均匀性/%
蓝色波段	最大值	22.143 45	1.726 623	7.80
	最小值	22.714 88	1.527 348	6.72
	平均值	22.368 57	1.619 914	7.24
绿色波段	最大值	38.739 988	1.904 054	4.92
	最小值	40.055 99	1.817 844	4.54
	平均值	39.100 233	1.853 481	4.74
红色波段	最大值	43.153 773	2.064 298	4.78
	最小值	45.477 877	2.072 048	4.56
	平均值	44.229 371	2.066 76	4.67

图 2.23 为吉林一号视频星圣地亚哥海域某帧 Bayer 插值后数据，图中箭头所示表明吉林一号视频星焦面存在异常探元块区域。图 2.24 红框所示为某些帧图像数据中存在高亮地物，在进行相对辐射定标之前需要对这些高亮地物进行预处理，剔除一些对定标影响较大的粗差像素点。

常规高分辨率遥感卫星影像质量评价方法（Crespi，2009）采用非同质区域评价图像信噪比，并区分考虑因地物光谱差异和噪声引起的图像亮度值差异。信

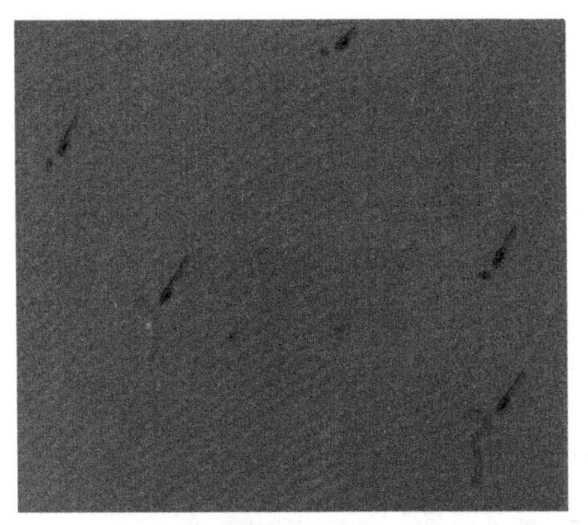

图 2.23　吉林一号视频星圣地亚哥海域某帧 Bayer 插值后数据

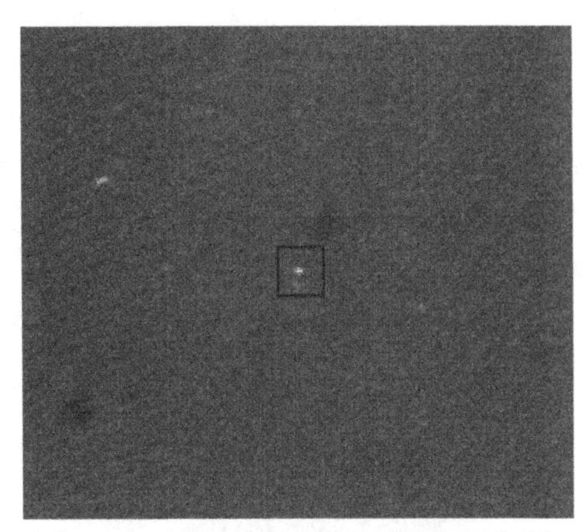

图 2.24　吉林一号视频星圣地亚哥海域高亮地物

噪比计算如式（2.59）所示。从式（2.59）可知，计算影像各类灰度范围内信噪比的倒数就为该区域的非均匀性。

$$\mathrm{SNR}=\frac{\mathrm{DN}_{\max}-\mathrm{DN}_{\min}}{\sigma_s} \tag{2.59}$$

式中：$\mathrm{DN}_{\max}$、$\mathrm{DN}_{\min}$ 分别为各类别区间内灰度最大值和最小值；σ_s 为各类别区域内噪声水平。

本次定标采用经过预处理后的 265 帧序列影像进行相对辐射定标，相对辐射定标后 CMOS 传感器各探元相对定标系数映射图如图 2.25 所示。

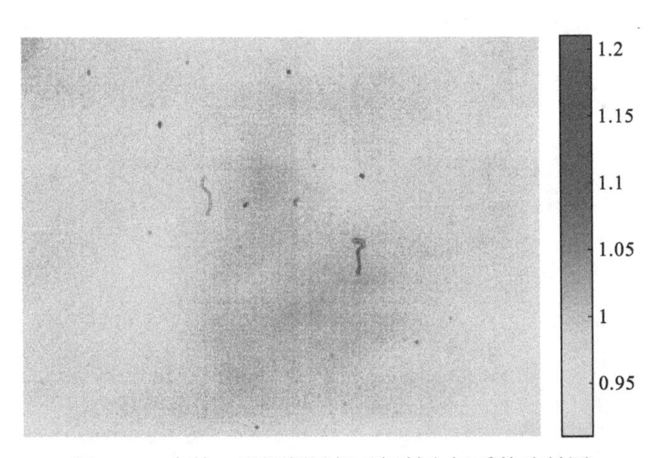

图 2.25　吉林一号视频星相对辐射定标系数映射图

如图 2.25 所示，通过相对辐射定标系数图可以很好地反映吉林一号视频星焦面阵列异常探元分布情况及探元间的响应关系，图中定标系数值较大区域表明该区域为灰尘遮挡区域或异常探元区；整体上看，大部分探元定标系数趋于 1。

将相对辐射定标系数应用到吉林一号视频02星2015年11月10日和2016年1月15日影像数据并与实验室定标结果进行对比，结果表明本次在轨相对辐射定标能够很好地校正异常探元区域，对各个探元间非均匀性校正取得较好效果（图2.26）。另外，实验室定标结果在轨应用出现校正异常探元[图2.26（b）红圆圈内]且对异常探元校正无效，表明吉林一号视频02星在轨后其传感器探元状态变化较大。

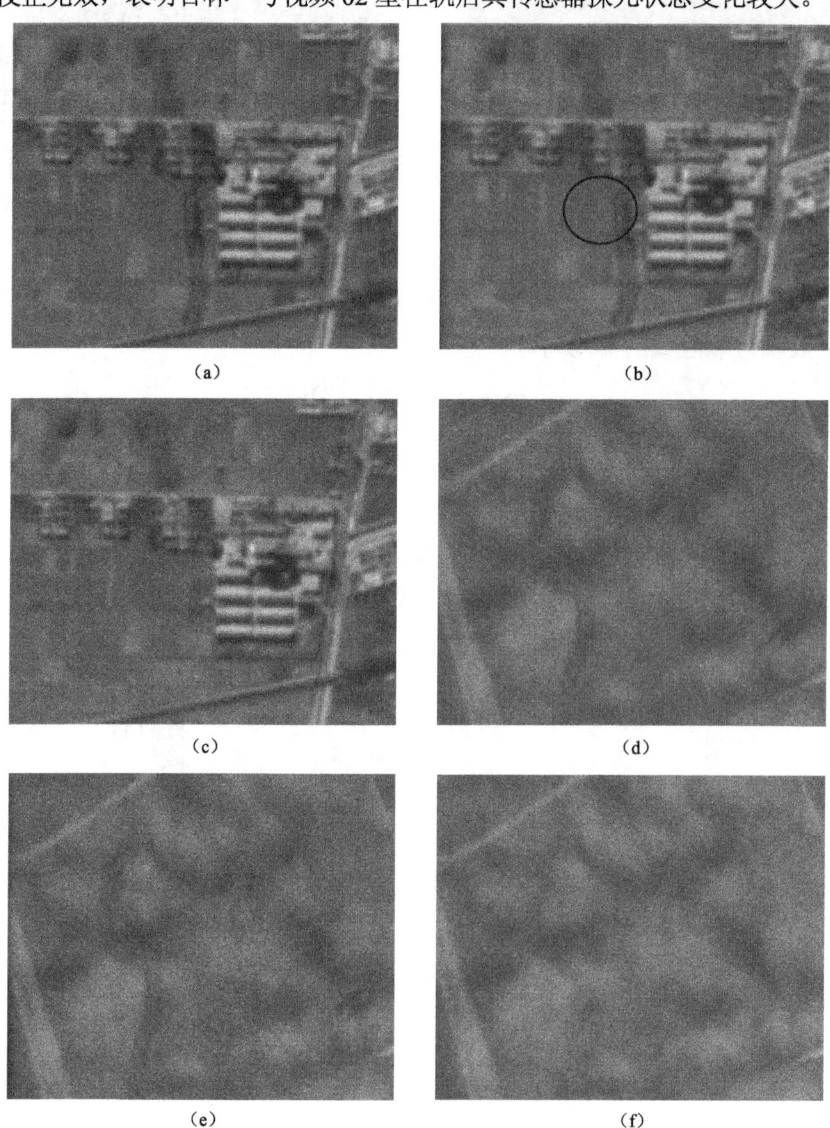

图2.26　吉林一号视频02星相对辐射校正效果

（a）（d）为原始0级图像；（b）（e）为实验室定标系数校正效果；

（c）（f）为基于多帧序列在轨相对辐射定标系数校正效果

分别对吉林一号视频 02 星原始 0 级数据、实验室定标系数校正后数据和利用基于多帧序列的在轨相对辐射定标系数校正数据进行评价，在影像累积直方图的 0.5%和 99.5%的范围内进行评价信噪比分布，如表 2.3、表 2.4 所示。

表 2.3　吉林一号视频 02 星 2015 年 11 月 10 日数据质量评价

波段	DN 值范围	0 级图像		实验室定标		在轨定标	
		SNR	σ_s	SNR	σ_s	SNR	σ_s
红色波段	58～127	66.109 30	1.043 7	52.791 75	1.307 002	68.494 69	1.007 377
绿色波段	62～118	65.116 13	0.860 0	54.698 42	1.023 796	67.997 23	0.823 563
蓝色波段	55～93	44.320 92	0.857 38	38.346 05	0.990 976	46.684 11	0.813 982

由表 2.3 可知：吉林一号视频 02 星 2015 年 11 月 10 日图像经过实验室定标系数校正后视频红色波段信噪比从 66 下降至 52，绿色波段信噪比从 65 下降至 54，蓝色波段信噪比从 44 下降至 38，表明吉林一号视频 02 星在轨后焦面探元阵列响应状态发生较大变化；利用在轨相对辐射定标系数校正后视频单帧图像红色波段信噪比从 66 提升至 68，绿色波段信噪比从 65 提升至 67，蓝色波段信噪比从 44 提升至 46，整体图像信噪比有所提升，但提升幅度不大，表明本次基于多帧序列的在轨辐射定标方法有效。

表 2.4　吉林一号视频 02 星 2016 年 1 月 15 日数据质量评价

波段	DN 值范围	0 级图像		实验室定标		在轨定标	
		SNR	σ_s	SNR	σ_s	SNR	σ_s
红色波段	106～187	58.337 636	1.388 469	43.091 67	1.879 714	59.743 94	1.355 786
绿色波段	101～160	54.756 760	1.077 493	42.905 49	1.375 116	57.050 44	1.034 173
蓝色波段	80～115	33.591 810	1.042 852	27.133 61	1.289 913	34.767 91	1.006 676

由表 2.4 可知，吉林一号视频 02 星 2016 年 1 月 15 日图像信噪比相比 2015 年 11 月 10 日图像信噪比有所下降，同时利用在轨定标系数校正 2016 年 1 月 15 日视频图像时，信噪比提升微弱，说明吉林一号视频 02 星从 2015 年 11 月之后到 2016 年 1 月期间焦面探元阵列存在衰减，噪声有所升高。

2.3　光学卫星视频稳像

光学卫星视频稳像是为了消除拍摄过程中卫星视频背景的抖动，是后续进行卫星视频动目标检测跟踪的前提。由于每帧视频影像外方位元素存在差别，相邻帧影像间的同名点在像面位置不同，原始的卫星视频背景存在明显变化，没有做到点点对准。针对该问题，本节将采用基于有理函数模型的卫星视频稳像算法，并针对凝视成像模式中“去伪动”和滑动凝视成像模式中“去抖动”两种情况的稳像处理进行分析，并验证该算法的可行性和精度。

2.3.1　光学视频卫星有理函数模型构建

严密成像几何模型建立了像方坐标和物方坐标的一一对应关系，但不具有通用性，因为严密成像几何模型的构建过程需要获知视频卫星的内、外方位元素，而其与卫星硬件、轨道设计等是紧密相关的，不同类型的卫星甚至同一卫星的不同类型的载荷传感器均具有不一样的严密成像几何模型，这为视频卫星影像的推广和应用带来了障碍。此外，出于商业技术保密的原因，部分卫星供应商（如IKONOS卫星商）拒绝提供卫星载荷传感器信息，导致用户无法构建和使用遥感影像的严密成像几何模型。为了简化卫星影像的处理及应用，一种通用几何处理模型被人们提出。开放地理空间信息联盟（Open Geospatial Consortium，OGC）定义了格网内插模型（grid interpolation model）、通用成像几何模型（universal imaging geometric model）、多项式模型（polynomial model）和有理函数模型（rational functions model，RFM）4类模型。其中，有理函数模型灵活通用、隐藏初始物理参数等优点使其具有更高的处理效率和更优的替代精度，无论是针对线阵推扫成像模式还是面阵成像模式影像的摄影测量处理，其都得到了广泛应用。当前，像ERDAS、ENVI、PCI Geomatica、Pixel Factory等商业软件几乎都支持基于有理函数模型的数据处理流程。

1. 有理函数模型形式

有理函数模型（RFM）是利用有理函数比值多项式的形式来描述影像的像方坐标与物方坐标之间的转换关系。在光学卫星线阵推扫式传感器上，RFM已被证明是严密成像几何模型的理想替代模型，卫星视频面阵传感器与线阵传感器在影像成像几何结构关系上基本一样，因此，利用有理函数模型也可以对视频面阵严密成像几何模型进行拟合替代。基本方程定义如下：

$$\begin{cases} Y = \dfrac{\mathrm{Num_L}(P,L,H)}{\mathrm{Den_L}(P,L,H)} \\ X = \dfrac{\mathrm{Num_s}(P,L,H)}{\mathrm{Den_s}(P,L,H)} \end{cases} \tag{2.60}$$

其中

$$\begin{aligned} \mathrm{Num_L}(P,L,H) = & a_1 + a_2L + a_3P + a_4H + a_5LP + a_6LH + a_7PH + a_8L^2 + a_9P^2 \\ & + a_{10}H^2 + a_{11}PLH + a_{12}L^3 + a_{13}LP^2 + a_{14}LH^2 + a_{15}L^2P \\ & + a_{16}P^3 + a_{17}PH^2 + a_{18}L^2H + a_{19}P^2H + a_{20}H^3 \\ \mathrm{Den_L}(P,L,H) = & b_1 + b_2L + b_3P + b_4H + b_5LP + b_6LH + b_7PH + b_8L^2 + b_9P^2 \\ & + b_{10}H^2 + b_{11}PLH + b_{12}L^3 + b_{13}LP^2 + b_{14}LH^2 + b_{15}L^2P \\ & + b_{16}P^3 + b_{17}PH^2 + b_{18}L^2H + b_{19}P^2H + b_{20}H^3 \\ \mathrm{Num_s}(P,L,H) = & c_1 + c_2L + c_3P + c_4H + c_5LP + c_6LH + c_7PH + c_8L^2 + c_9P^2 \\ & + c_{10}H^2 + c_{11}PLH + c_{12}L^3 + c_{13}LP^2 + c_{14}LH^2 + c_{15}L^2P \\ & + c_{16}P^3 + c_{17}PH^2 + c_{18}L^2H + c_{19}P^2H + c_{20}H^3 \\ \mathrm{Den_s}(P,L,H) = & d_1 + d_2L + d_3P + d_4H + d_5LP + d_6LH + d_7PH + d_8L^2 + d_9P^2 \\ & + d_{10}H^2 + d_{11}PLH + d_{12}L^3 + d_{13}LP^2 + d_{14}LH^2 + d_{15}L^2P \\ & + d_{16}P^3 + d_{17}PH^2 + d_{18}L^2H + d_{19}P^2H + d_{20}H^3 \end{aligned}$$

式中：a_i，b_i，c_i，d_i 为 RPC（rational polyomial coefficients，有理多项式系数）参数；b_1 和 d_1 通常为 1；(P,L,H) 为归一化的地面坐标；(X,Y) 为归一化的影像坐标。将像方坐标和物方坐标进行归一化处理可以减小计算过程中由于数据数量级差别过大引入的舍入误差可能性，增强 RPC 参数求解的稳定性。

$$\begin{cases} P = \dfrac{\mathrm{Lat} - \mathrm{LAT\_OFF}}{\mathrm{LAT\_SCALE}} \\ L = \dfrac{\mathrm{Long} - \mathrm{LONG\_OFF}}{\mathrm{LONG\_SCALE}} \\ H = \dfrac{\mathrm{Hei} - \mathrm{HEIGHT\_OFF}}{\mathrm{HEIGHT\_SCALE}} \end{cases} \tag{2.61}$$

$$\begin{cases} X = \dfrac{\mathrm{Sample} - \mathrm{SAMP\_OFF}}{\mathrm{SAMP\_SCALE}} \\ Y = \dfrac{\mathrm{Line} - \mathrm{LINE\_OFF}}{\mathrm{LINE\_SCALE}} \end{cases} \tag{2.62}$$

式中：LAT_OFF、LATT_SCALE、LONG_OFF、LONG_SCALE、HEIGHT_OFF 和 HEIGHT_SCALE 分别对应物方坐标的归一化参数；SAMP_OFF、SAMP_SCALE、LINE_OFF 和 LINE_SCALE 为像方坐标的归一化参数。

2. 有理函数模型的求解

有理函数模型求解分为“地形无关”和“地形相关”两种方式(张过,2005)。当严密成像几何模型未知时，采用“地形相关”的求解方法。该方法对地面控制点的数量和质量有较高的要求，RPC 参数精度依赖于控制点的精度，且解算不稳定。在严密成像几何模型参数都已知的情况下，采用地形无关的方法求解有理函数模型。基于已有严密模型建立虚拟控制格网，利用格网点解算 RPC 参数，同时可以检查 RPC 参数的替代精度，求解过程需要获取影像覆盖区域最大和最小高程值，建立格网的方法如图 2.27 所示。

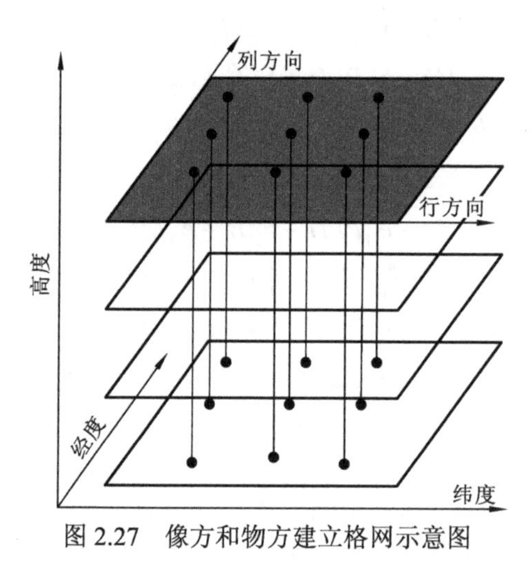

图 2.27　像方和物方建立格网示意图

本章采用了全球 DEM 作为高程控制且无需初值的最小二乘法对 RPC 参数进行求解，属于地形无关的求解方法，流程如图 2.28 所示。

2.3.2　基于“去伪动”的稳像处理方法

1. “伪动”分析

“伪动”顾名思义就是不真实的、虚假的运动变化，是指固定视频的背景存在晃动，容易与前景真实的运动目标相混淆，基于去伪动的稳像处理方法旨在去除固定背景晃动，保留前景运动，生成感观流畅、具有几何定位模型信息的稳像视频，保证后续检测、跟踪等应用的需求。

基于去伪动的稳像处理方法是针对卫星“凝视”成像模式提出的一种稳像处理方法，造成“伪动”的原因主要包括以下三个方面。

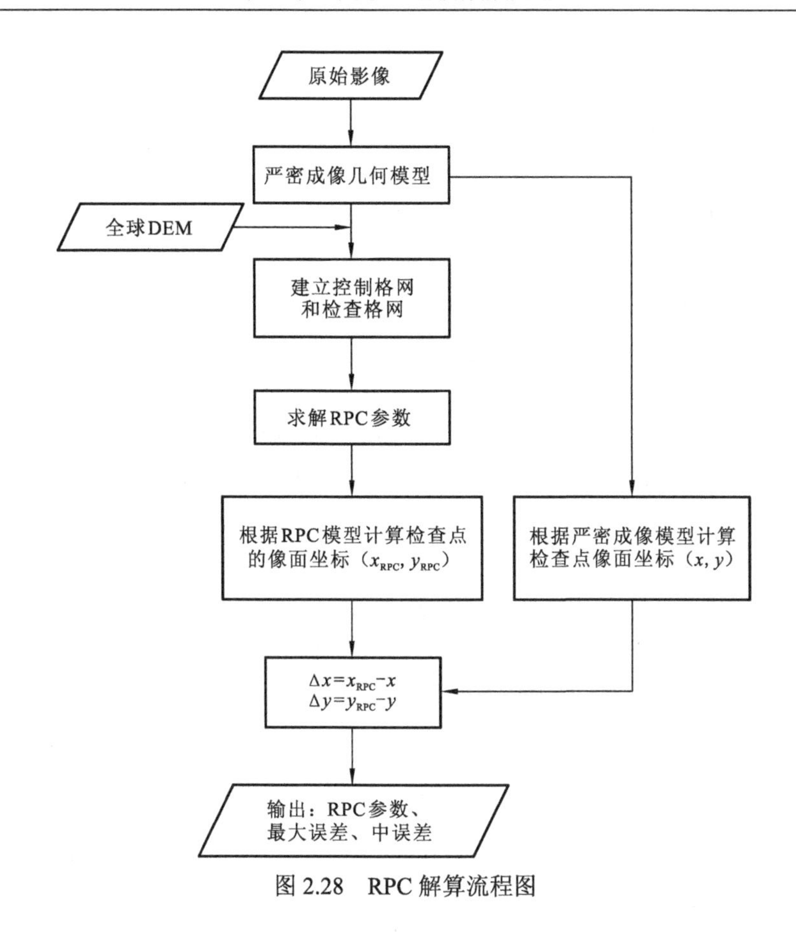

图 2.28　RPC 解算流程图

（1）视频卫星平台及相机振动影响。振动可以分为低频和高频两种：低频振动主要引起图像变形，使图像品质下降；高频振动和随机振动主要引起像点灰度值下降，图像模糊（钟灿，2013）。

（2）视频卫星姿态影响。由于姿轨控制系统中存在零漂现象，使姿态相对精度不高，卫星在轨运行的姿态出现漂移。同时，目前的姿轨控制系统还无法完全抑制平台在复杂太空下出现的姿态抖动，从而影响光轴的稳定和指向，引起图像品质的下降。

（3）其他因素。星上传感器因温度变化产生的刚体微弱形变引起光轴抖动、太阳、地球和月亮等空间物体引力和辐射压力及微小陨石的碰撞等，都会影响成像质量。

在实际处理视频卫星数据时，将上述因素归结为内、外方位元素的影响，考虑内方位元素的稳定性及周期性的在轨几何定标，“伪动”的主要影响因素为外方位元素，分为线元素变化影响和角元素变化影响，主要表现为相邻帧影像同名点不能做到一一对应。

2.“伪动”估计模型

“伪动”估计就是要确定视频帧间的相对关系，有两种估计模型：基于相邻帧的运动估计模型和基于主帧（中间帧）的运动估计模型。基于相邻帧的运动估计模型可以更好地描述帧间的运动关系，但容易造成误差累积；基于主帧（中间帧）的运动估计模型可以有效避免误差累积的问题，但要求首尾帧要有一定的重叠部分。针对“伪动”视频，由于每帧影像的覆盖范围基本一致，选取基于主帧（中间帧）的运动估计模型。

基于主帧（中间帧）的运动估计首先要对主帧和各辅帧进行一定的特征匹配。为保证匹配质量和效率，选取 SIFT 特征算法进行帧间运动估计，主要包括同名点提取和粗差剔除。

1）同名点提取

常见的影像同名点提取方法有 Harris 算子、SURF 特征算法、SIFT 特征算法等。SIFT 特征算法对于影像的平移旋转缩放等变化具有空间尺度不变的特性，同时对复杂的光照变化和仿射变化也能保持良好的匹配性能，得到高精度的匹配效果（李芳芳 等，2019；袁修孝，2012）。

同名点提取是帧间运动估计的基础，主要步骤为：

（1）尺度空间的生成；

（2）建立影像高斯金字塔和高斯差分（difference of Gaussian，DOG）空间；

（3）关键点的方向分配；

（4）DOG 空间极值检测；

（5）特征点描述；

（6）特征匹配。

2）误匹配点剔除

在前面的匹配结果中，可能会产生误匹配点影响匹配的精度，需要进行误匹配点剔除。常用的误匹配点剔除方法有 RANSAC 算法和选权迭代法。

（1）随机抽样一致性（random sample consensus，RANSAC）算法可以从一组包含误匹配点的观测数据集中，通过迭代计算估计数学模型的参数。该方法具有不确定性，有一定的概率可以得出一个最优或近似最优的结果。RANSAC 的优点是算法容错率强，缺点是迭代次数没有上限。

（2）选权迭代法是根据数理统计原理发展起来的一种粗差检测方法。使用最广泛的是由李德仁等（2012）提出的基于验后方差分量估计的选权迭代法。其基本思想是基于最小二乘迭代平差，估计每次平差后的观测值的验后方差，并对其进行假设检验找出方差异常大的观测值，然后根据经典的权与观测值方差呈反比的定义给予它一个相应小的权值进行下一步迭代平差，使带有粗差观测值的权愈来愈小，直至趋近于零。迭代中止时由于平差的结果不受粗差的影响，从而可以实现粗差的剔除（李德仁 等，2012）。

这里以仿射变换模型作为几何约束，采用选权迭代法进行误匹配点剔除（袁修孝，2012）。

仿射变换模型如下：

$$\begin{cases} x_2 = a_0 + a_1x_1 + a_2y_1 \\ y_2 = b_0 + b_1x_1 + b_2y_1 \end{cases} \tag{2.63}$$

式中：(x_1, y_1)和(x_2, y_2)分别为特征点在参考影像上的像点坐标和待选匹配点在匹配影像上的像点坐标；（$a_0, a_1, a_2, b_0, b_1, b_2$）为仿射变换系数。

3）模型估计

针对国内面阵“凝视”视频，由于每帧影像的覆盖范围基本一致，可采用主帧（中间帧）补偿法进行运动补偿，因此需要直接估计基于主帧的帧间运动模型，该方案易于并行，且不存在误差累积。“伪动”估计模型是在单帧定向模型的基础上提出的。基于主帧的运动估计模型是建立有理函数模型（RFM）计算得到的物方坐标与量测的像点坐标的多项式模型，该模型中包含了像方和物方的改正参数。基于固定帧的帧间运动估计模型形式如下：

$$\begin{cases} x_n = \dfrac{\mathrm{Num_S}(P,L,H)}{\mathrm{Num_S}(P,L,H)} \\ y_n = \dfrac{\mathrm{Num_L}(P,L,H)}{\mathrm{Num_L}(P,L,H)} \\ x_{n+1} = \dfrac{\mathrm{Num_S}(P,L,H)}{\mathrm{Num_S}(P,L,H)_{n+1}} + a_{0n+1} + a_{1n+1}\cdot \mathrm{sample}_{n+1} + a_{2n+1}\cdot \mathrm{line}_{n+1} \\ y_{n+1} = \dfrac{\mathrm{Num_L}(P,L,H)}{\mathrm{Num_L}(P,L,H)_{n+1}} + b_{0n+1} + b_{1n+1}\cdot \mathrm{sample}_{n+1} + b_{2n+1}\cdot \mathrm{line}_{n+1} \end{cases} \tag{2.64}$$

式中：(x_n, y_n)为 RFM 计算出的主帧的像方坐标；(x_{n+1}, y_{n+1})为 RFM 计算出的辅帧的像方坐标；a_{0n+1}、a_{1n+1}、a_{2n+1}、b_{0n+1}、b_{1n+1}、b_{2n+1}为像方多项式补偿系数，当控制点至少为三个时，可以求解全部模型参数，此时a_0、b_0可以吸收轨道姿态（ΔX、ΔY、ΔZ、$\Delta\omega$和$\Delta\varphi$）引起的平移误差，a_1、b_1、a_2、b_2用来吸收轨道姿态（ΔZ和$\Delta\kappa$）引起的旋转和缩放误差。当只有一个控制点时，只能求得平移量，通过平移参数消除平移变化。因此，实际上“伪动”估计模型是把主帧引起的姿态轨道的平移误差、比例误差和旋转误差，直接叠加到辅帧的像方仿射变换系数当中。在该运动模型估计中，由于部分辅帧和主帧之间的交会角可能比较小，若采用立体平差方案，先求解地面点坐标，然后进行相对定向，该运动模型估计可能不收敛。因此需要利用上述的同名点提取方法进行主帧和辅帧配准提取同名点，然后采用主帧的RFM模型投影到SRTM-DEM高程面上求解物方点地面坐标，最后辅帧的配准点作为像点坐标，求解辅帧的像面仿射参数，完成主帧和辅帧运动模型估计。

3.“伪动”补偿模型

由于严密成像几何模型补偿的复杂性和保密性，目前国内外卫星影像基本采用RPC模型进行几何处理，但RPC模型参数都存在系统误差（张过 等，2007）。因此一般通过有理函数模型补偿的方法对“伪动”误差进行补偿。

利用帧间运动估计后的辅帧的RPC模型参数和主帧的RPC模型参数，直接可实现卫星视频辅帧和主帧的像点的点点对应，主帧和辅帧正反算公式如下，可表达两个影像像面对应坐标关系：

$$\begin{cases} x_n = \dfrac{P_1(X_n,Y_n,Z_n)}{P_2(X_n,Y_n,Z_n)} \\ y_n = \dfrac{P_3(X_n,Y_n,Z_n)}{P_4(X_n,Y_n,Z_n)} \end{cases} \tag{2.65}$$

$$\begin{cases} X_n = \dfrac{P_5(x_{n+1},y_{n+1},Z_n)}{P_6(x_{n+1},y_{n+1},Z_n)} \\ Y_n = \dfrac{P_7(x_{n+1},y_{n+1},Z_n)}{P_8(x_{n+1},y_{n+1},Z_n)} \end{cases} \tag{2.66}$$

简化后主帧和辅帧正反算公式如下：

$$(x_n, y_n) \xrightarrow{\text{主帧正算}} (X_n, Y_n, Z_n) \xrightarrow{\text{辅帧反算}} (x_{n+1}, y_{n+1})$$

式中：(X_n, Y_n, Z_n)、(x_n, y_n)分别为地面点坐标(X, Y, Z)、像点坐标(x, y)经平移和缩放后的归一化坐标，取值在[−1, 1]。

在该坐标关系中，辅帧和主帧的RPC模型参数中包含了影像的几何畸变（$\Delta x, \Delta y$），主帧和辅帧运动估计中考虑了主帧和辅帧外方位元素误差引起的帧间变形，因此该模型可精确描述帧间的同名点关系。利用主帧的RFM模型对像点坐标(x, y)正算到相应的SRTM-DEM高程面，可以得到相应的物方地面点坐标(X, Y, Z)；利用辅帧补偿后的RPC模型参数对物方地面点坐标(X, Y, Z)进行模型反算可以得到辅帧上像点坐标(x_1, y_1)，完成基于主帧的卫星视频运动矢量补偿。

4. “去伪动”稳像视频生成

理想情况下，光学视频卫星凝视成像范围近似一致。但由于姿态的控制精度不够，凝视成像中难以做到真正的凝视成像，成像范围不可避免地发生变化，如图 2.29（a）所示。采用同名点约束实现多帧影像覆盖相同地区，最后，基于主帧重采样生成“去伪动”稳像视频，真正达到卫星视频稳像的目的，效果如图 2.29（b）所示。

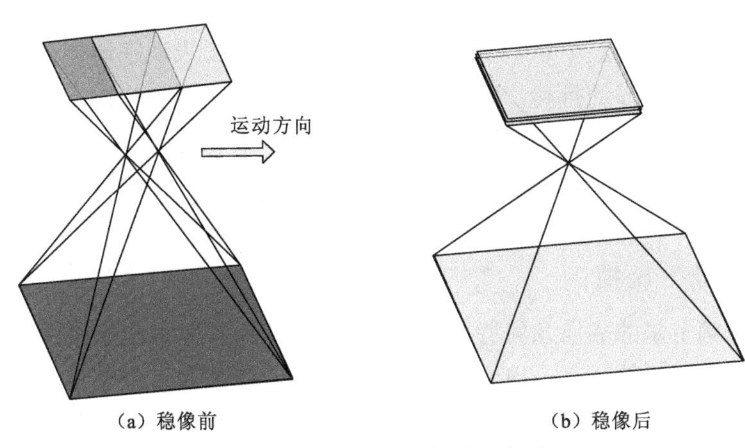

图 2.29　视频卫星去伪动示意图

选取中间帧作为主帧，其余各帧为辅帧，加入全球 SRTM-DEM 作为高程约束，利用帧间同名点几何定位一致性的特点，实现视频影像重采样，过程如下：

（1）建立主帧影像的严密几何模型；生成主帧 RPC 模型。

（2）建立各辅帧影像的几何模型；生成辅帧 RPC 模型。

（3）利用主帧的 RPC 模型对像点坐标(x, y)，正算到 SRTM-DEM 高程面上，计算其对应的地面点坐标 (X, Y, Z)。

（4）利用辅帧的补偿后的 RPC 模型参数对地面点坐标 (X, Y, Z) 进行 RPC 模型反算，得到辅帧上像点坐标(x', y')。通过内插算法，如双线性内插获取该像点的灰度值，赋值给重采影像(x, y)。

（5）遍历主帧影像上的所有点，最终生成各辅帧的重采影像。

（6）最后，将重采样后的影像按照一定帧频和时间顺序组成去除伪动的稳像视频。

2.3.3 基于“去抖动”的稳像处理方法

1.“抖动”分析

“抖动”顾名思义就是外部作用力对物体产生振动，“抖动”主要表现在两个方面：①由于复杂的太空环境和姿轨控制精度不够，卫星对地凝视成像过程中会出现“凝不住”的情况，使卫星指向偏离凝视区域，视频卫星本身发生抖动；②随着遥感技术的发展，视频卫星具备滑动成像能力，能够做到滑动凝视，但在滑动凝视的过程中，卫星姿态、轨道会发生明显的抖动。表现在地面就是背景前景动的过程中存在明显的抖动，就像手持摄像设备，边走边录，由于手抖或者路面不平，视频画面会出现明显的抖动。

“抖动”分析，即基于虚拟重成像原理，分析单帧虚拟几何定位模型，对“抖动”建模，最终生成观感流畅、具有几何定位模型信息的“去抖动”稳像视频。

2.“抖动”虚拟

结合视频卫星的成像几何特征，在理想情况下，视频卫星凝视或者滑动凝视成像过程处于理想的状态，内外方位元素均不应存在误差，具体包括：

（1）拥有具备理想成像能力无畸变相机，包括无畸变理想镜头、不存在焦距误差和探元尺寸误差；

（2）拥有稳定平滑的轨道，不存在噪声；

（3）拥有稳定（凝视）或平缓变化（滑动凝视）的平滑姿态，不存在晃动和抖动。

从 2.1 节的分析可知，在实际成像过程中，视频卫星内外方位元素均存在各种类型和性质的误差，导致了视频卫星影像的稳像误差。为了满足后续高质量的动目标检测跟踪等应用，需要在视频卫星滑动凝视成像过程中减弱或消除这些误差。

因此，本小采用虚拟重成像技术来消除视频卫星滑动凝视成像过程中产生的抖动误差。其基本原理是首先基于视频卫星真实载荷参数，虚拟一个搭载了理想 CMOS 面阵且不存在各种内方位元素误差的理想相机；其次，基于视频卫星真实轨道和姿态参数，通过姿轨优化，虚拟一个不含误差和抖动的卫星轨道和姿态；最后，通过虚拟的理想相机在虚拟的平稳轨道上保持虚拟的平滑姿态，并采用等积分成像时间，依据视频卫星成像几何原理就可以获取理想的无畸变的虚拟影像序列，此虚拟影像序列即为视频卫星滑动凝视成像产生的影像帧。具体制作流程如图 2.30 所示。

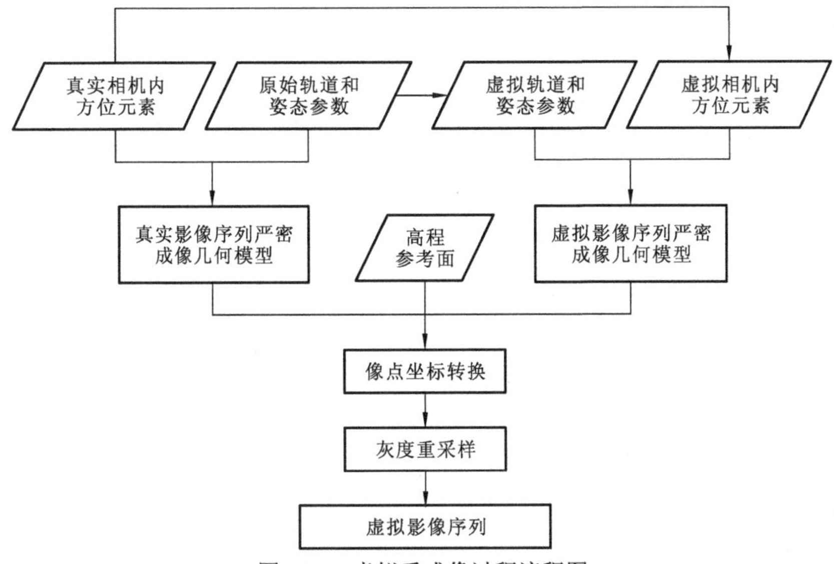

图 2.30　虚拟重成像过程流程图

3.“去抖动”稳像视频生成

理想情况下，光学视频卫星滑动凝视成像平缓过渡，但由于姿态的控制精度不够，滑动凝视成像中难以做到平滑的凝视成像，背景前景沿卫星飞行方向不断变化，如图 2.31（a）所示。采用“抖动”虚拟的方法，将轨道姿态进行平滑虚拟，利用生成的虚拟姿态轨道进行严密模型的构建。最后，基于相邻帧重采样生成“去抖动”稳像视频，真正达到卫星视频稳像的目的，如图 2.31（b）所示。

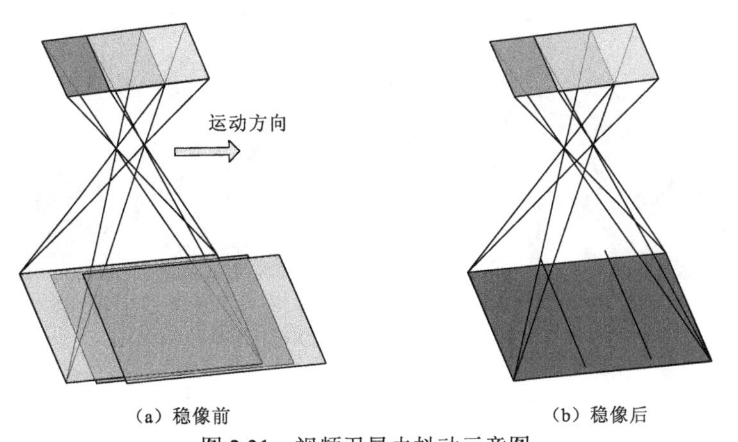

（a）稳像前　（b）稳像后

图 2.31　视频卫星去抖动示意图

利用虚拟面阵和真实面阵间的同名像点作为几何约束条件，采用几何模型进行点对点的映射，生成虚拟面阵成像模型，通过逐点重采样生成虚拟面阵影像，其处理过程如下：

（1）建立真实视频影像的几何模型；生成 RPC 模型。

（2）建立虚拟视频影像的几何模型；生成 RPC 模型。

（3）对于虚拟视频影像上的像素点 (x, y)，结合 SRTM-DEM 数据，计算其对应的地面点坐标 (X, Y, Z)。

（4）在对应的真实视频影像上，利用其几何模型，将 (X, Y, Z) 反算到该真实影像的像面坐标 (x', y')。通过内插（如双线性内插）获取该点的像素值，赋值给虚拟视频影像 (x, y)。如果有多景真实影像与其对应，则取像素的灰度平均值。

（5）遍历虚拟视频影像上的所有点，最终生成虚拟视频影像序列。

（6）将重采影像按照一定帧频和时间顺序组成去除抖动的稳像视频。

2.3.4 珠海一号实验分析

1. 实验数据

为验证稳像处理后光学卫星视频帧间的配准精度，实验选取了稳定特征加速算法（speeded-up robust features，SURF）、最小二乘匹配算法和 Corr-Cosi 三种算法进行稳像精度验证，实验数据选取“珠海一号”视频卫星 OVS-1A 的两组视频进行验证，分别为 VA_0726 埃塞俄比亚和 VA_1258 突尼斯，成像地点均为非洲地区，缩略图如图 2.32 所示。详细信息如表 2.5 所示。

（a）VA_0726埃塞俄比亚

（b）VA_1258突尼斯

图 2.32　OVS-1A 视频缩略图

表 2.5　OVS-1A 卫星视频数据信息

视频简称	成像地点	成像时间	经纬度	太阳高度角	侧摆角	帧数
VA_0726	埃塞俄比亚（非洲）	2017.06.26	38.95°E，8.3°N	41.678°	-3.78°	810
VA_1258	突尼斯（非洲）	2017.07.17	10.17°E，36.8°N	42.357°	11.74°	1 804

2. 基于去伪动稳处理方法精度评价

1）SURF 稳像精度验证

2006 年，Herbert Bay 提出 SURF，是一种特征提取算法，包括兴趣点检测和兴趣点描述两个部分。该算法对提取的特征拥有尺度不变和旋转不变的性能，对光照变化、仿射和透视变化均具有部分不变的特性。SURF 在重复度、独特性、鲁棒性三个方面，均超越或接近以往提出的同类方法，并且在计算速度上具有明显优势。

OVS-1A 和 OVS-1B 卫星视频的稳像精度采用 SURF 算法，通过计算相邻帧配准精度，评价 OVS-1A 和 OVS-1B 卫星视频的稳像精度。

稳像精度统计，是在 OVS-1A 完成定标补偿后进行的，补偿后的单景精度优于 1 个像素，从表 2.6、图 2.33 中可以看到 VA_0726 组视频中误差一般都在 1 个像素以上，整体波动较大，经过稳像处理后，精度优于 0.4 个像素，具体精度如表 2.7、图 2.34 所示。

表 2.6　VA_0726 稳像前精度　（单位：像素）

VA_0726 帧对	沿轨向（稳像前）				垂轨向（稳像前）				总体中误差
	最大值	最小值	均值	中误差	最大值	最小值	均值	中误差	
1→2	0.682	0.002	−0.137	**0.261**	1.78	0.163	1.039	**1.094**	**1.125**
325→326	0.799	0	−0.351	**0.412**	1.588	0.569	1.140	**1.232**	**1.232**
…	…	…	…	…	…	…	…	…	…
606→607	0.541	0	−0.088	**0.216**	2.168	0.528	1.539	**1.563**	**1.577**
809→810	1.656	0.781	1.216	**1.234**	0.952	0.001	−0.374	**1.309**	**1.309**

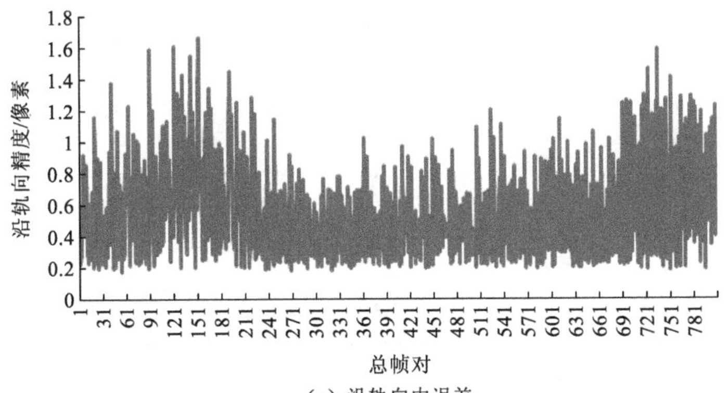

（a）沿轨向中误差

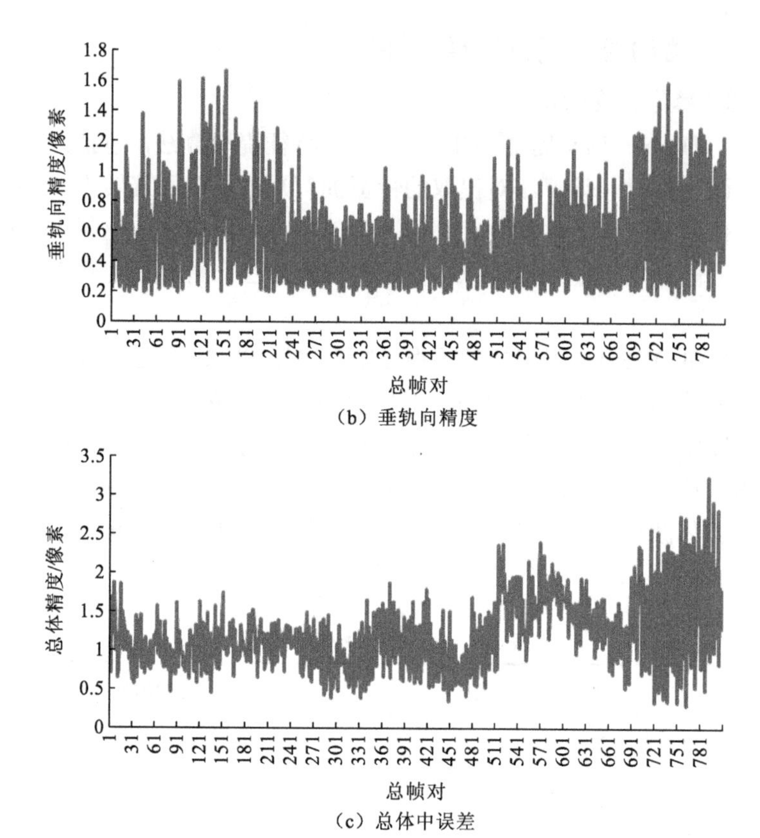

（b）垂轨向精度

（c）总体中误差

图 2.33　VA_0726 稳像前精度统计

表 2.7　VA_0726 稳像后精度　　（单位：像素）

VA_0726 帧对	沿轨向（稳像后）				垂轨向（稳像后）				总体中误差
	最大值	最小值	均值	中误差	最大值	最小值	均值	中误差	
1→2	0.551	0.003	−0.032	**0.224**	0.233	0.002	0.009	**0.233**	**0.323**
325→326	0.454	0	−0.007	**0.208**	0.499	0	0.036	**0.218**	**0.301**
…	…	…	…	…	…	…	…	…	…
606→607	0.515	0.001	0.011	**0.207**	0.633	0.001	0.025	**0.214**	**0.298**
809→810	0.465	0	−0.002	**0.211**	0.526	0.001	0.001	**0.201**	**0.291**

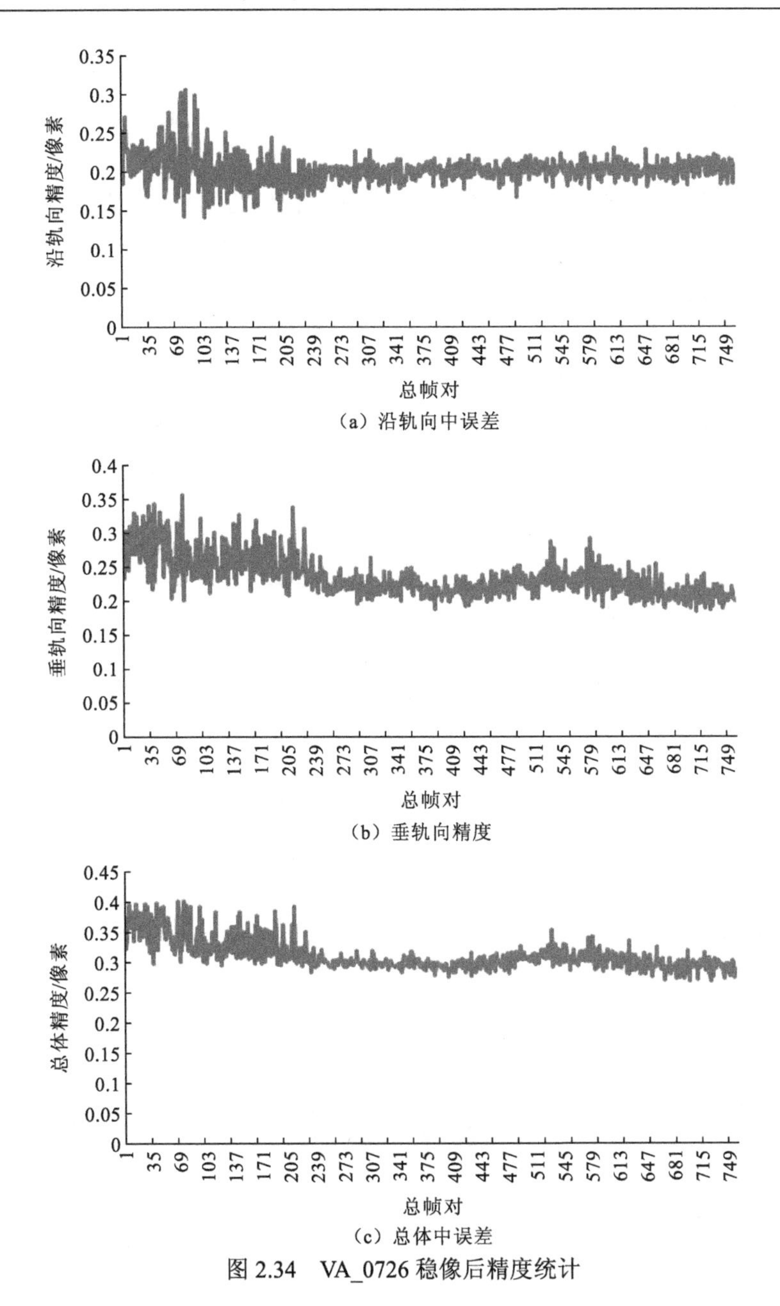

（a）沿轨向中误差

（b）垂轨向精度

（c）总体中误差

图 2.34　VA_0726 稳像后精度统计

2）最小二乘稳像精度验证

最小二乘法（又称最小平方法）是一种数学优化技术，它通过最小化误差的平方和寻找数据的最佳拟合函数匹配。德国 Ackermann 提出，利用影像窗口内的信息进行平差计算，使得影像匹配达到亚像素的精度（Mikhail et al.，1976）。使用最小二乘法不仅可以解决单点匹配解求视差，也可以在直接解求其空间坐标的同时解求视频影像的外方位元素；还可以解决多点影像匹配和多片影像匹配问题（Hu et al.，2012；王天鹏，2004）。

为了充分验证 OVS-1A 和 OVS-1B 卫星视频稳像后的精度，选取上述 OVS-1A 星其中一组视频，OVS-1B 星其中三组视频，总共 4 组视频采用最小二乘匹配算法进行验证，分别为 VA_258 突尼斯（非洲）、VB_458 布隆姆（澳大利亚）、VB_716 沃思堡（美国）、VB_734 波士顿（美国），具体验证结果如下所示。

采用最小二乘匹配方法对 OVS-1A 星的 VA_1258 组视频做进一步验证，相比表 2.8、图 2.35，VA_1258 组视频整体波动消除，稳像精度优于 0.4 个像素。

表 2.8　VA_1258 稳像后精度　（单位：像素）

VA_1258 帧对	沿轨向（稳像后）				垂轨向（稳像后）				总体中误差
	最大值	最小值	均值	中误差	最大值	最小值	均值	中误差	
1→2	0.562	0.004	−0.076	**0.258**	0.365	0.002	−0.016	**0.178**	**0.313**
743→744	0.654	0	−0.017	**0.196**	0.583	0	−0.021	**0.199**	**0.279**
…	…	…	…	…	…	…	…	…	…
1378→1379	0.481	0	−0.039	**0.215**	0.440	0	−0.015	**0.204**	**0.296**
1597→1598	0.507	0	−0.017	**0.215**	0.473	0	0.009	**0.209**	**0.30**

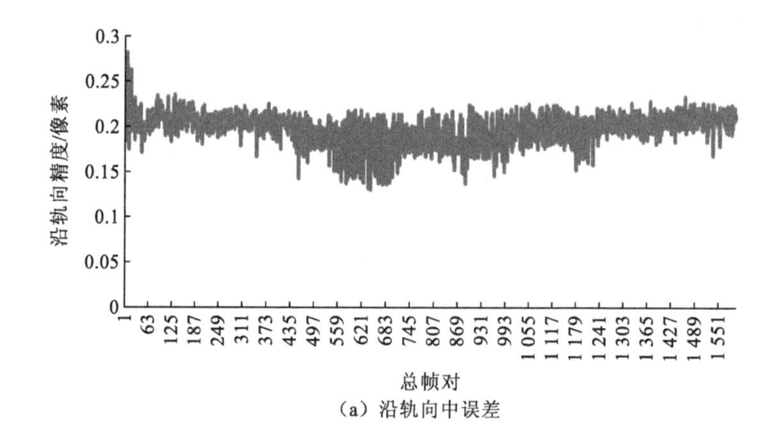

（a）沿轨向中误差

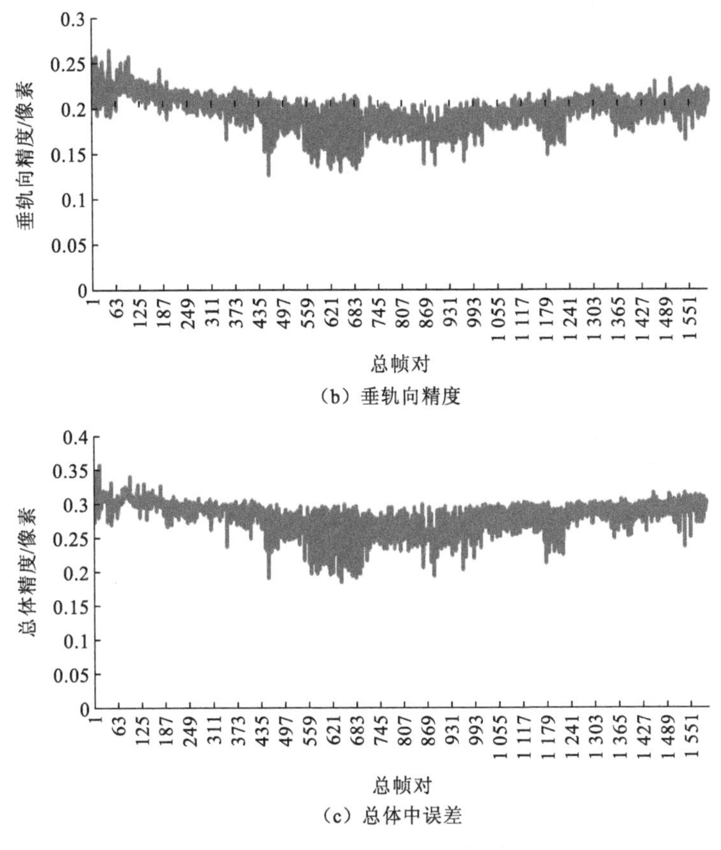

(b) 垂轨向精度

(c) 总体中误差

图 2.35 VA_1258 稳像后精度统计

3）Corr-Cosi 稳像精度验证

Corr-Cosi（Leprince et al.，2008）是基于 IDL 开发的 ENVI 插件，插件主要功能可以满足各种影像的正射校正和影像配准，这里采用 Corr-Cosi 影像配准功能验证 OVS-1A 星和 OVS-1B 星稳像后精度。

该插件配准算法采用相位相关算法对相邻帧影像直接配准，通过生成一个三个波段的图来表示两帧影像的配准精度，三个波段分别为 E/W、N/S、SNR，分别代表东西、南北方向的位移量（这里可以理解为沿轨和垂轨方向的变化）及信噪比。Correlator Engine 插件提供了频率域（frequency）和统计域（statistic）两个选择，这里选择频率域，因为前者基于傅里叶变化，更适用于高分辨率光学遥感影像。窗口大小为 32 个像素、步长为 16 个像素、最大迭代 2 次、相关系数为 0.9，由于影像分辨率一样，不进行影像重采。

由于 Corr-Cosi 插件无法批量处理数千帧影像匹配产生的误匹配点，只在上述

OVS-1A 星和 OVS-1B 各一组视频随机选取 4 帧对视频进行稳像后的验证，分别为 OVS-1A 星 VA_1258（突尼斯）组视频和 OVS-1B 星 VB_1716（沃思堡）组视频。

利用 Corr-Cosi 插件相位相关配准功能，从 OVS-1A 星 VA_1258 组视频中随机选取 4 帧对视频进行相邻帧对配准，具体配准精度信息如表 2.9、图 2.36 所示，可以发现相同帧对的稳像精度都有了很大的提高，OVS-1A 星稳像后的精度优于 0.4 个像素。

表 2.9　OVS-1A 星 VA_1258 组视频稳像精度　（单位：像素）

OVS-1A VA_1258	沿轨向				垂轨向			
	最大值	最小值	均值	中误差	最大值	最小值	均值	中误差
1→2	0.949	−0.897	−0.092	**0.380**	0.948	−0.890	0.069	**0.275**
743→744	−0.707	−0.847	−0.756	**0.044**	0.504	−0.685	0.072	**0.350**
1378→1379	0.499	−0.608	0.014	**0.144**	0.650	−0.742	−0.060	**0.147**
1800→1801	0.450	−0.500	0.010	**0.202**	0.440	−0.300	0.079	**0.179**

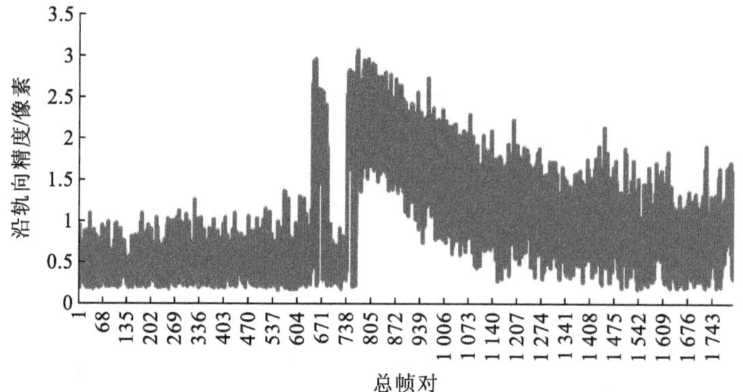

（a）沿轨向中误差

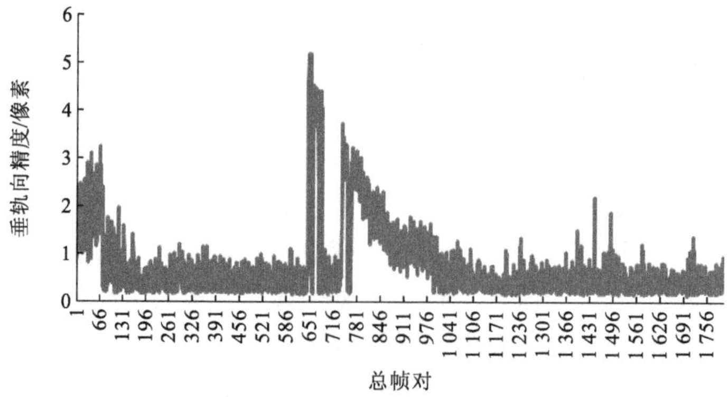

（b）垂轨向精度

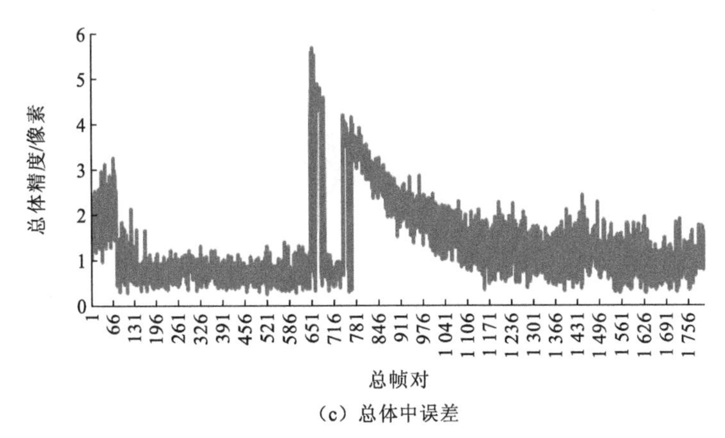

（c）总体中误差

图 2.36　VA_1258 稳像前精度统计

3. 基于去抖动稳处理方法精度评价

在对 VA_0726 组视频验证的基础上，进一步补充验证 VA_1258 组视频，从表 2.10、图 2.37 中可以看出视频稳像前的精度基本都在 1 个像素以上，最大的甚至达 6 个像素左右，而且视频中间波动比较大，经过稳像处理后，中间帧的波动被消除，稳像精度优于 0.4 个像素，具体如表 2.11、图 2.37 所示。

表 2.10　VA_1258 稳像前精度　（单位：像素）

VA_1258 帧对	沿轨向（稳像前）				垂轨向（稳像前）				总体中误差
	最大值	最小值	均值	中误差	最大值	最小值	均值	中误差	
1→2	1.511	0.339	0.926	**0.951**	1.349	0.338	0.839	**0.862**	**1.284**
743→744	2.51	1.286	1.901	**1.912**	4.442	3.063	3.743	**3.749**	**4.209**
…	…	…	…	…	…	…	…	…	…
1378→1379	2.19	0.999	1.579	**1.589**	1.197	0.106	−0.661	**0.683**	**1.729**
1800→1801	2.163	1.042	1.598	**1.611**	0.682	0	0.137	**0.238**	**1.629**

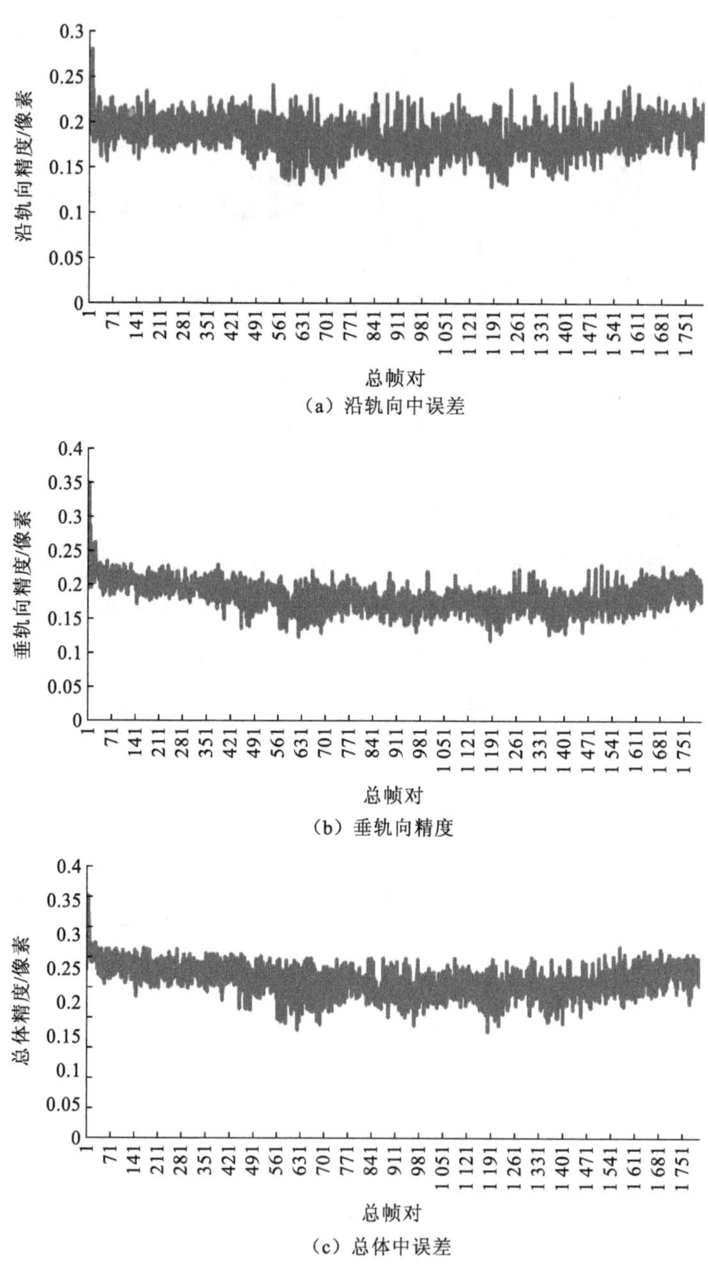

（a）沿轨向中误差

（b）垂轨向精度

（c）总体中误差

图 2.37　VA_1258 稳像后精度统计

表 2.11　VA_1258 稳像后精度　（单位：像素）

VA_1258 帧对	沿轨向（稳像后）				垂轨向（稳像后）				总体
	最大值	最小值	均值	中误差	最大值	最小值	均值	中误差	中误差
1→2	0.508	0.001	−0.033	0.204	0.52	0	0.02	0.194	0.281
743→744	0.506	0	−0.002	0.17	0.45	0	−0.006	0.172	0.242
…	…	…	…	…	…	…	…	…	…
1378→1379	0.537	0	−0.005	0.155	0.539	0	−0.018	0.15	0.215
1800→1801	0.561	0	0.019	0.201	0.534	0	−0.011	0.203	0.286

参 考 文 献

何红艳, 乌崇德, 王小勇, 2003. 侧摆对卫星及 CCD 相机系统参数的影响和分析[J]. 航天返回与遥感, 24(4): 14-18.

蒋永华, 2015. 国产线阵推扫光学卫星高频误差补偿方法研究. 武汉: 武汉大学.

李德仁, 袁修孝, 2012. 误差处理与可靠性理论. 武汉: 武汉大学出版社.

李芳芳, 肖本林, 贾永红, 等, 2009. SIFT 算法优化及其用于遥感影像自动配准. 武汉大学学报(信息科学版) (10): 1245-1249.

李广宇, 2010. 天球参考系变换及其应用. 北京: 科学出版社.

王天鹏, 2004. 遥感影像中道路的半自动提取研究. 郑州: 中国人民解放军信息工程大学.

袁修孝, 2012. 高分辨率卫星遥感精确对地目标定位理论与方法. 北京: 科学出版社.

张过, 2005. 缺少控制点的高分辨率卫星遥感影像几何纠正. 武汉: 武汉大学.

张过, 李德仁, 2007. 卫星遥感影像 RPC 参数求解算法研究. 中国图象图形学报(12): 2080-2088.

张过, 蒋永华, 汪韬阳, 等, 2016. 高分辨率视频卫星标准产品分级体系. 北京: 科学出版社.

张永军, 2002. 利用二维 DLT 及光束法平差进行数字摄像机标定. 武汉大学学报(信息科学版), 6(27): 571-576.

章仁为, 1998. 卫星轨道姿态动力学与控制. 北京: 北京航空航天大学出版社.

钟灿, 2013. 非常规航摄影像定位方法及精度评定. 武汉: 武汉大学.

GUNTER, 1998. 卫星大地测量学. 北京: 地震出版社.

BROWN D C, 1971. Close-range camera calibration. PE&RS, 37(8): 855-866.

BYRON S, MIKE S, ALEXANDRA C, 2015. Geometric and radiometric calibration topics relevant to Skybox imaging//The 2015 JACIE Workshop.Virginia: United States Geological Survey: 1-31.

CRESPI M, VENDICTIS L D, 2009. A Procedure for high resolution satellite imagery quality assessment. Sensors, 9: 3289-3313.

DINGLUIRARD M, SLATER P N, 1999. Calibration of space-multispectral imaging sensors: A review. Remote Sensing of Environment, 68: 194-205.

FRASER C S, 1997. Digital camera self-calibration. ISPRS Journal of Photogrammetry and Remote Sensing, 52(4): 149-159.

LIU J W, JIANG Z Q, LIU Y P, et al.,2012. Development of a 3D full-field monitoring system for large-scale static deformation based on close range photogrammetry. Advanced Materials Research(468-471): 1074-1077.

MIKHAIL E M, ACKERMANN F E, 1976. Observations and least squares. HongKong: International Education Press.

SLATER P N, BIGGAR S F, HOLM R G, et al., 1987. Reflectance- and radiance-based methods for the in-flight absolute calibration of multispectral sensors. Remote Sensing of Environment, 22: 11-37.

SMILEY B D, CHAU A H, ROBINSON M D, 2014. SkySat-1: Very high-resolution imagery from a small satellite. Proc. SPIE 9241, Sensors, Systems, and Next-Generation Satellites XVIII, 92411E, October 7.

TADONO T, SHIMADA M, HASHIMOTO T, et al., 2007. Results of calibration and validation of ALOS optical sensors, and their accuracy assessments. Proc. IEEE IGARSS, Barcelona, Spain., : 3602-3605.

THOMAS C S, HUGH H K, KRIS J B, 2003. Modeling the radiance of the Moon for on-orbit calibration. Proceedings of SPIE, 5151: 463-470.

USGS, 2013. LDCM CAL/VAL ALGORITHM DESCRIPTION DOCUMENT (version 3.0).

VINCENT M, GWENDOLINE B, PHILIPPE K, et al., 2013. Pleiades-HR 1A&1B image quality commissioning: Innovative radiometric calibration methods and results. Proc. SPIE 8866, Earth Observing Systems XVIII, 886610 (September 23, 2013).

WENG J Y, COHEN P, HERNIOU M, 1992. Camera calibration with distortion models and accuracy evaluation. IEEE Transactions On Pattern Analysis And Machine Intelligence, 14(10): 965-979.

ZHANG G, LI L T, JIANG Y H, et al., 2019. On-orbit relative radiometric calibration of optical video satellites without uniform calibration sites. International Journal of Remote Sensing: 1-21.

第3章　光学卫星视频超分辨率重建

本章将主要介绍光学卫星视频的超分辨率重建，包括基于PSF优化估计的单帧光学卫星视频图像复原方法，以及顾及运动误差的自适应稳健正则化的多帧光学卫星视频超分辨率重建方法。利用多组视频卫星数据进行复原实验，以证明方法的有效性和优越性。通过重建实验以证明方法对含有运动目标的卫星视频影像具有较好的重建效果，重建后动态和静态地物细节都得到提升，归一化方差和梯度能量指标都优于其他方法。

3.1　单帧光学卫星视频图像复原

在单帧光学卫星视频图像盲复原问题中，点扩散函数（point spread function，PSF）的估计和复原模型选择对结果影响很大。针对PSF模板估计困难的问题，在分析图像中近似点状地物成像特点的基础上，提出基于点状地物信息的椭圆抛物面模型PSF估计方法，得到较好的PSF模板。针对图像噪声对复原效果影响的问题，采用能够分离图像信号和噪声的归一化稀疏约束模型进行盲复原。

3.1.1　单帧光学卫星视频图像退化模型

单帧光学图像复原是数字图像处理中的经典问题，其通用的退化模型为

$$y = k \otimes x + n \tag{3.1}$$

式中：$\otimes$代表卷积过程；x为清晰图像；k为点扩散函数；y为观测图像（模糊图像）；n为噪声。通过模型可以看出，图像复原相当于模型的反卷积过程，即通过观测到的图像和点扩散函数求解出原图像。传统的图像复原方法如：维纳滤波、最小二乘方滤波等都属于图像的非盲解卷积，需要知道系统的PSF。然而对于卫星图像的复原，PSF模型未知，需要用盲解卷积的方法来恢复图像，即仅利用观测图像实现对PSF和原始图像的估计。本章将主要研究PSF的优化估计方法和图像复原方法。

3.1.2 椭圆抛物面模型优化估计 PSF

光学系统的点扩散函数指输入一点光源时其输出像的光场分布，点扩散是指点光源在成像之后光能散开。假定将远处的一个明亮物体看作是一个点，经过人眼成像及环境的影响，传递到成像系统中就变成了中央部位最亮，周围亮度递减的一个大光圈，所呈的形态就是单个点光源的 PSF。在卫星图像中，复杂的环境、温度等都会干扰其成像，点扩散函数也因此变得复杂，且估计困难。其中，根据实际地物成像特点估计 PSF 是较常用的方法。

对于卫星图像而言，线状和面状地物居多，由于图像分辨率有限，没有理想的点状地物。一些独立的、较规则的建筑物具有一些点状地物的特性。如图 3.1 所示。

(a) 近似点状地物

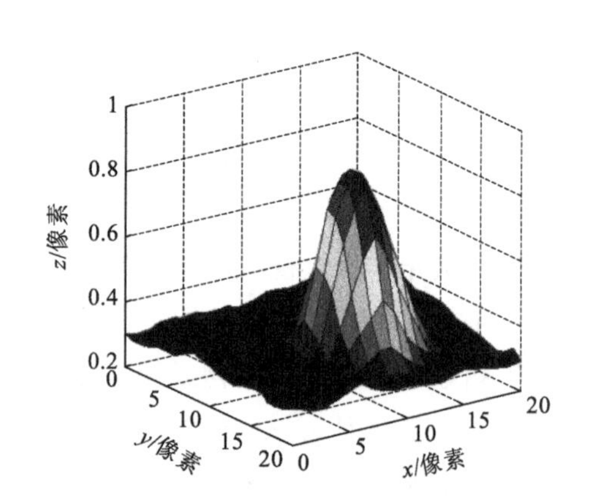

(b) 近似点状地物三维显示图

图 3.1 近似点状地物成像特点

在二维空间上，图像上地物的成像特性形态呈中间高四周低。所以本节利用近似点状目标三维空间形态上的相似特点（卜丽静 等，2015），提出利用椭圆抛物面模拟 PSF 成像特点，优化估计复原模型所用的初始 PSF 为

$$\frac{(x-x_0)^2}{2p}+\frac{(y-y_0)^2}{2q}=z+z_0 \tag{3.2}$$

将式（3.2）左右两边移项、通分，得

$$F=q(x-x_0)^2+p(y-y_0)^2-2pq(z+z_0) \tag{3.3}$$

式中：p、q 为椭圆抛物面模型在行和列方位向上的扩散范围；z_0 为模拟出的最大灰度值；x_0、y_0 为 z_0 对应的行列值；z 为实际成像点的灰度值；x、y 为 z 对应的行列值。式（3.2）中 p、q、z_0、x_0、y_0 为未知参数，求解时首先将非线性方程转换为线性方程，对式（3.3）中的各未知量求导，得

$$\begin{cases} \dfrac{\partial F}{\partial x_0} = -2q(x - x_0), \quad \dfrac{\partial F}{\partial y_0} = -2p(y - y_0), \quad \dfrac{\partial F}{\partial z_0} = -2pq \\ \dfrac{\partial F}{\partial p} = (y - y_0)^2 - 2q(z + z_0), \quad \dfrac{\partial F}{\partial q} = (x - x_0)^2 - 2p(z + z_0) \end{cases} \tag{3.4}$$

以成像点的最大灰度值为中心选取 3×3 大小窗口，窗口中的灰度值 z_i 及行列位置表示为（x_i, y_i, z_i），其中 $i = 1, 2, \cdots, 9$，代入式（3.3）列出 9 个方程，求解 5 个未知数，方程解不唯一，采用最小二乘法求解 z_0、x_0、y_0 的初值为近似点目标的最大灰度和对应的行列值，p、q 的初值由 x_0、y_0、z_0 和窗口内成像点计算得出，计算公式为

$$q = \frac{(y_1 - y_0)^2(x_3 - x_0)^2 - (y_3 - y_0)^2(x_1 - x_0)^2}{2(z_1 + z_0)(x_3 - x_0)^2 - 2(z_3 + z_0)(x_1 - x_0)^2} \tag{3.5}$$

$$p = \frac{(x_1 - x_0)^2(y_2 - y_0)^2 - (x_2 - x_0)^2(y_1 - y_0)^2}{2(z_1 + z_0)(y_2 - y_0)^2 - 2(z_2 + z_0)(y_1 - y_0)^2} \tag{3.6}$$

由上述方法可以求解椭圆抛物面模型的 5 个参数，只要给出 PSF 模板的大小，结合式（3.2）就可以得到图像的 PSF 模板。用该方法估计出来的初始 PSF 模板可以用于下一步的图像复原模型中。

3.1.3　稀疏约束复原模型

图像复原技术是图像退化的逆过程，复原退化图像是图像的反卷积求解问题，属于病态问题，在反求中会出现解不稳定、不唯一等现象。而正则化是用一组与原不适定问题相“邻近”的适定问题的解去逼近原问题的一种解决方法，可以解决复原中的不适定问题。图像退化过程中，伴随着大量噪声和干扰，对于信号和噪声的分离也是复原过程的一个重要问题。而图像具有稀疏特性，利用稀疏约束可以有效地剔除掉信号中的噪声。通过对正则化和稀疏约束的方法结合，可以解决反求过程中的不适定问题及噪声敏感的问题。基于图像的稀疏特性，可以将图像中有用的信息作为图像的稀疏成分，图像的残差就是噪声成分，以此作为图像去噪处理的基础，对图像进行稀疏约束复原（郭德全 等，2012）。

首先考虑向量的 L_0 范数，L_0 范数是指向量中非零元素的个数。L_0 范数的约束可以表示对图像中有用信息的稀疏约束。但 L_0 范数属于非确定性多项式（non-deterministic polynomial，NP）问题，难于求解和计算，因此在图像复原领域应用较少。而 L_1 范数也是根据信号的强弱成比例变化的，其解也是 L_1 范数的唯一解，且是凸优化问题，因此在复原中常用 L_1 范数作为图像去噪的一种方法。而噪

声的类型较多，L_1 范数并不适用于存在模糊噪声的情况。这是因为图像在模糊的情况下，模糊弱化了图像的高频波段，导致 L_1 范数减小，仅用 L_1 范数最小化，不能够解决退化图像的复原问题。

采用 L_1 和 L_2 范数比值的形式（即归一化稀疏约束形式）代替 L_1 范数，L_2 范数减小更多时，两者比值会变大。可以将其作为约束项，优化目标为求其最小值。模型如下：

$$J = \min_{x,k} \| y - kx \|_2^2 + \mu \frac{\| x \|_1}{\| x \|_2} + \lambda \| k \|_1 \tag{3.7}$$

式中：x 为未知的高清图像的高频部分；y 为观测图像；k 为模糊核；λ 与 μ 为正则化参数，用于平衡各正则项之间的权重。

对于成本函数 J 来说，存在 x 和 k 两个未知变量，k 与图像要经过很多次迭代才能收敛到一个可靠解，产生的误差可能会导致出现局部最小值，特别是在模糊核尺寸较大的情况下（Chan et al.，1998）。为了避免这个误差，一般采用交替迭代的方法求解。将代价函数分成两个方程：

$$J(x) = \min_{x} \lambda \| y - kx \|_2^2 + \frac{\| x \|_1}{\| x \|_2} \tag{3.8}$$

$$J(k) = \min_{k} \lambda \| y - kx \|_2^2 + \beta \| k \|_1 \tag{3.9}$$

关于 x 的更新涉及两个循环，外层是对 $\| x \|_2$ 的更新，内层是对 $\| x \|_1$ 的求解。由于 $\| x \|_1 / \| x \|_2$ 是非凸的，在求解过程中，先利用前一次迭代的结果确定 $\| x \|_2$ 的值，将式（3.9）转化成一个 L_1 范数的凸优化问题。

用以上的函数模型处理椭圆抛物面方法估计出模糊核初始值，采用迭代收缩阈值法（iterative shrinkage-thresholding algorithm，ISTA）（Wu et al.，2013）和迭代加权最小二乘法（iterative reweighted least squares，IRLS）（Rubin et al.，2006）交替迭代图像与模糊核，最终将计算输出的模糊核，代入先验的超拉普拉斯的方法（Krishnan et al.，2009）中实现复原。

综合 3.1.2 小节椭圆抛物面方法估计 PSF 和 3.1.3 小节稀疏约束的复原方法，整个处理流程用图 3.2 表示。

处理步骤如下。

（1）从预处理后的降质图像中选取点状目标信息，根据点扩散方式拟合出整张图像的退化方式。

（2）用椭圆抛物面模型计算出退化图像的 PSF，选取适当尺寸的 PSF 作为计算初始值。

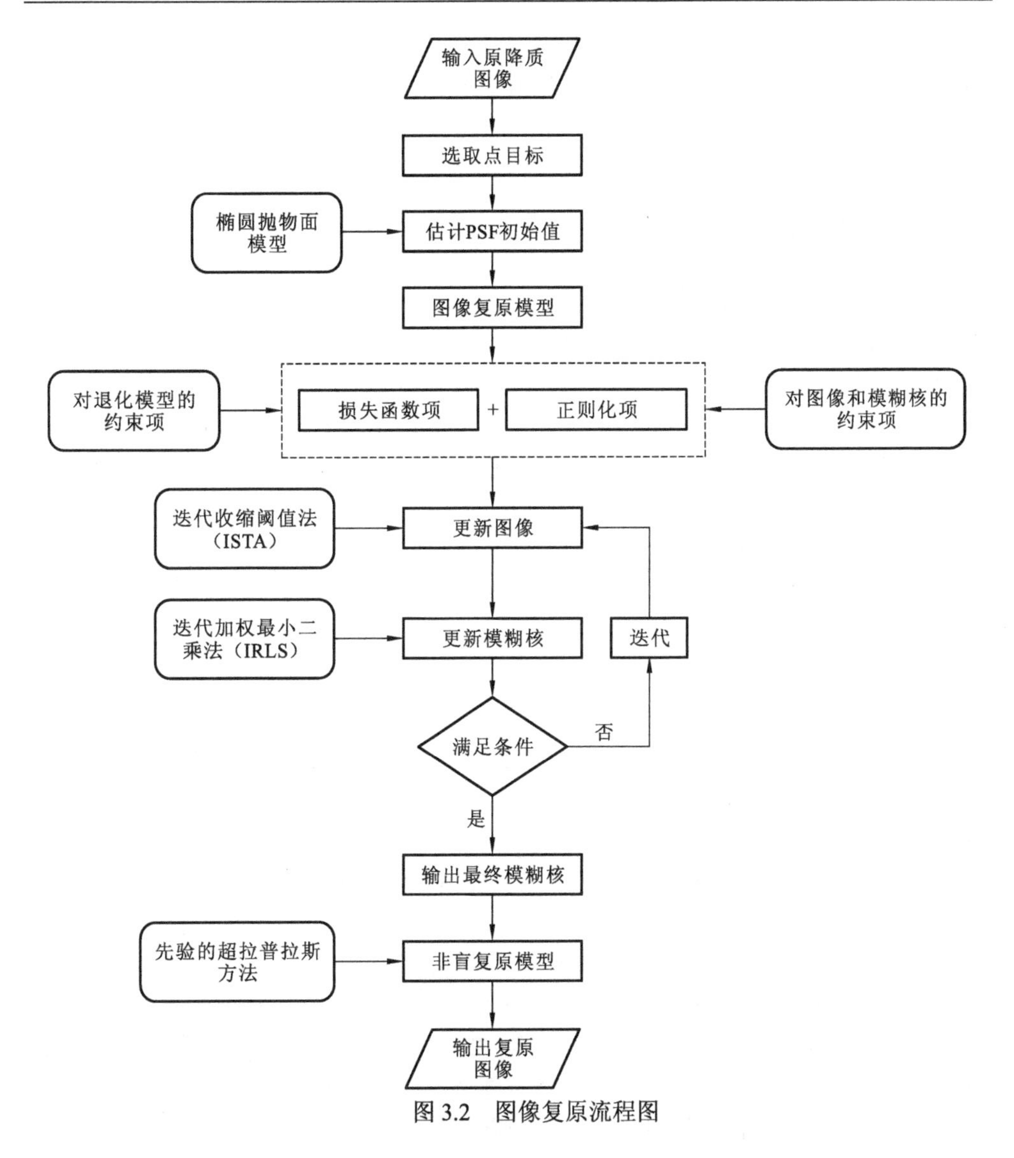

图 3.2　图像复原流程图

（3）根据图像的退化模型并结合图像的稀疏特性，建立图像复原的稀疏约束正则化模型。其中损失函数项为对退化模型的约束项，正则化项为对图像和模糊核的约束项。

（4）采用迭代收缩阈值法、迭代加权最小二乘法解算模型，直至模型达到最优解输出最终模糊核。

（5）将计算出的 PSF 代入非盲复原算法中，用先验的超拉普拉斯算法实现对退化图像的复原。

3.2 多帧光学卫星视频超分辨率重建

在含有运动地物的多帧光学卫星视频影像超分辨率重建问题中，针对运动估计不准确导致的重建后运动物体存在“格网”和“拖尾”等问题，本节提出顾及运动估计误差的运动场景超分辨率重建方法。首先，在最大后验概率（maximum a posterioriestimation，MAP）模型框架下分析基于 L_1 范数和 L_2 范数的保真项对于运动估计误差的鲁棒性，引入稳健的 M-估计作为保真项，自适应地减少运动估计误差对重建结果的影响；然后，分析稳健估计条件下 Tikhonov、全变分（total variation，TV）、双边全变分（bilateral total variation，BTV）正则项的重建效果；最后，提出基于稳健估计的双边滤波超分辨率重建方法，用 SkyBox 和吉林一号的卫星视频数据验证本节方法的有效性。

3.2.1 “凝视”卫星视频影像超分辨率重建中的问题及其稳健估计模型

目前传统的超分辨率重建技术可以一定程度地提高视频影像的质量，对静态地物处理效果较好但运动目标会产生“拖尾”等现象，这与卫星视频特点有关。卫星视频是从距离地面 600 km 以上的轨道上拍摄地球表面的居民地、建筑、河流、森林等地物，视频的幅宽和影像尺寸大，例如吉林一号视频的幅宽为 4.33 km×2.44 km，影像尺寸为 4 093×3 072 像素。视频影像整体静态背景信息占图幅信息比例大、运动地物占比小，如图 3.3 所示的飞机、车辆等目标在图幅中仅是很小一部分，影像中单个运动目标速度不同、目标占像素少，目标物体的边界和内部运动差异区分困难。但在重建过程中为了保证占大比例的背景地物的重建效果，一般采用全局运动估计方法（卜丽静 等，2017），这就导致了占少数的动态目标的运动估计有误，进而影响动态目标的重建效果。如图 3.4 红框中的车辆重建后车身变长，即明显的“拖尾”现象。在超分辨率重建算法方面，大多数算法也没有考虑运动估计误差的影响，导致重建后的高分像素值出现“0”值，即黑色“格网”现象。针对上述问题，本书利用 MAP 模型方法可以直接加入先验约束、同时实现运动估计和重建，构建顾及运动估计误差的卫星视频超分辨率重建模型。

假设噪声服从 0 均值的高斯分布，那么 MAP 超分辨率重建模型的目标函数为

$$\hat{\boldsymbol{X}}_{\text{MAP}} = \arg\min\left[\sum_{k=1}^{N}\left\|\boldsymbol{Y}_k - \boldsymbol{D}_k\boldsymbol{B}_k\boldsymbol{F}_k\boldsymbol{X}\right\|_p + \lambda R(\boldsymbol{X})\right] \tag{3.10}$$

式中：第一项 $\|\boldsymbol{Y}_k-\boldsymbol{D}_k\boldsymbol{B}_k\boldsymbol{F}_k\boldsymbol{X}\|_p$ 为数据保真项；p 为范数的阶数；k 为图像帧序数（$k = 1,2,\cdots,N$）；$\boldsymbol{Y}_k$ 为低分辨率序列图像；$\boldsymbol{D}$ 为运动矩阵；$\boldsymbol{B}$ 为模糊矩阵；$\boldsymbol{F}$ 为

（a）SkyBox视频帧（运动车辆）

（b）SkyBox视频帧（飞机）

图 3.3　卫星视频的运动场景

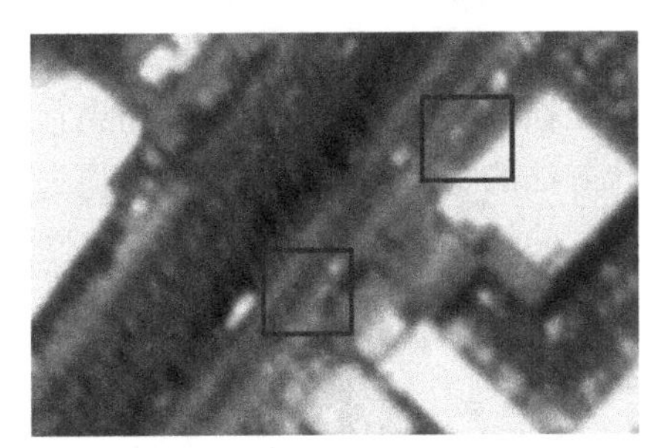

（a）卫星视频原始某一帧数据

（b）IBP方法超分辨率重建结果

图 3.4　基于全局运动估计的卫星视频数据超分辨率结果

下采样矩阵；$\boldsymbol{X}$ 为高分辨率影像。第二项 $R(\boldsymbol{X})$ 是正则化项，λ 是正则化参数。从式（3.10）中可知，保真项约束观测影像 $\boldsymbol{Y}_k$ 和预测高分辨率影像 $\boldsymbol{D}_k\boldsymbol{B}_k\boldsymbol{F}_k\boldsymbol{X}$ 之间的偏差，当偏差最小时输出预测值。在目标函数求解过程中如果运动矩阵 $\boldsymbol{D}$ 估计不准确会使超分辨率重建结果产生“格网”“拖尾”等现象，因此需要一个稳健的估计模型降低误差对重建结果的影响。稳健估计就是一种适宜解决该问题的方法，它具有对数据中存在的异常点不敏感、抗干扰性强、稳定的特性，当观测数据与假定模型有较大差异时得到的估计结果是可控的，不会导致错误的结论。因此，本节将稳健估计中 M-估计（胡义函 等，2012）作为 MAP 超分辨率重建模型中的保真项，目标函数为

$$\hat{\boldsymbol{X}} = \arg\min \sum_{k=1}^{N} \rho(\boldsymbol{Y}_k - \boldsymbol{D}_k\boldsymbol{B}_k\boldsymbol{F}_k\boldsymbol{X}) + \lambda R(\boldsymbol{X}) = \arg\min \sum_{k=1}^{N}\sum_{m=1}^{M} \rho(e_{k,m}) + \lambda R(\boldsymbol{X}) \tag{3.11}$$

式中：N 为图像帧数；M 为每帧图像中像素的个数；$e_{k,m} = \sum_{r=1}^{Q} c_{k,m}^{r} x_r - y_{k,m}$，$m$ 和 Q 分别为低分和高分图像总的像素数目，$c_{k,m}^{r}$ 代表了第 r 个高分影像上的像素 x_r 到

第 k 帧低分影像上的第 m 像素 $y_{k,m}$ 的过程，实际上 $e_{k,m}$ 表示模拟低分影像和观测低分影像的残余误差，e 是残差值；$\rho(e)$ 是损失函数（Zeng，2013）。损失函数应该满足 4 个条件：① $\rho(e) \geqslant 0$；② $\rho(e) = \rho(-e)$；③ $\rho(0) = 0$；④当 $|e_i| > |e_j|$ 时，$\rho(e_i) > \rho(e_j)$。目标函数中保真项和正则项的函数形式会直接影响重建效果，下文通过实验方法进行分析。

3.2.2　保真项稳健性分析

当不考虑正则化项时，式（3.10）中的保真项 $P = 2$ 时就是传统基于 L_2 范数的 MAP 框架下的超分辨率重建方法，其目标函数的保真项和最速下降迭代解如式（3.12）、式（3.13）所示。通过分析保真项的损失函数和影响函数来判断其稳健性。损失函数是用来估计模型的预测值与真实值之间不一致程度的，损失函数越小，模型的稳健性就越好。影响函数是损失函数的一阶导数，如果它连续有界说明估计结果受离群点的影响小，估计方法的稳健性好。本节中的损失函数和影响函数的曲线如图 3.5 所示，图 3.5（a）的横轴为预测值与真实值之间的误差值，纵轴为损失函数值，图 3.5（b）的横轴为预测值与真实值之间的误差值，纵轴为影响函数值。

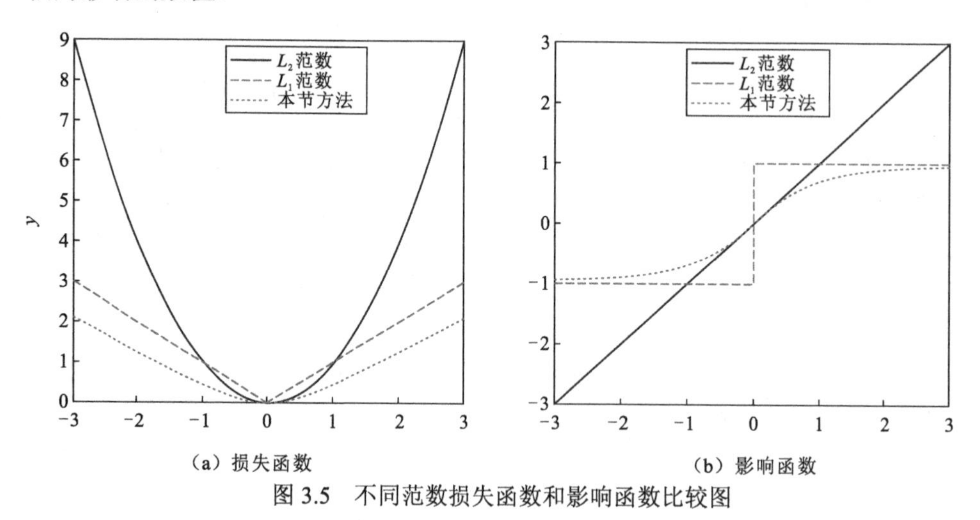

（a）损失函数　　（b）影响函数

图 3.5　不同范数损失函数和影响函数比较图

$$\hat{\boldsymbol{X}} = \arg\min \sum_{k=1}^{N} \left\| \boldsymbol{Y}_k - \boldsymbol{D}_k \boldsymbol{B}_k \boldsymbol{F}_k \boldsymbol{X} \right\|_2 \tag{3.12}$$

$$\hat{\boldsymbol{X}}_{n+1} = \hat{\boldsymbol{X}}_n - \beta \sum_{k=1}^{N} \boldsymbol{H}_k^{\mathrm{T}} (\boldsymbol{H}_k \hat{\boldsymbol{X}}_n - \boldsymbol{Y}_k), \quad \boldsymbol{H}_k = \boldsymbol{D}_k \boldsymbol{B}_k \boldsymbol{F}_k \tag{3.13}$$

式（3.13）中：β 为步长，由式（3.13）可知超分辨率重建的结果实际上是将残余误差加权后更新到高分辨率影像 $\hat{\boldsymbol{X}}_n$ 上，这说明误差对重建结果有很大影响。分析 L_2 范数的影响函数也可以看出它是一条倾斜直线，当误差较大时影响函数值也会增大且无界，说明它受误差影响大，最终可能导致重建结果稳健性差。

为了改善上述方法的稳健性，Zeng（2013）提出用 L_1 范数代替 L_2 范数的方法，其目标函数的保真项和求导如下：

$$\hat{\boldsymbol{X}} = \arg\min \sum_{k=1}^{N} \left\| \boldsymbol{Y}_k - \boldsymbol{D}_k \boldsymbol{B}_k \boldsymbol{F}_k \boldsymbol{X} \right\|_1 \tag{3.14}$$

$$G(\boldsymbol{X}) = \sum_{k=1}^{N} \boldsymbol{F}_k^{\mathrm{T}} \boldsymbol{B}_k^{\mathrm{T}} \boldsymbol{D}_k^{\mathrm{T}} \mathrm{sign}(\boldsymbol{Y}_k - \boldsymbol{D}_k \boldsymbol{B}_k \boldsymbol{F}_k \boldsymbol{X}) \tag{3.15}$$

根据式（3.15）可知 L_1 范数的影响函数[图 3.5（b）]是 sign 函数，无论保真项误差大小，sign 函数都是定值（1 或−1），说明 L_1 范数的影响函数有界、受离群点的影响小。文献（Elad et al.，2002）也证实了 L_1 范数比传统 L_2 范数保真项更加稳定，不易受较大误差的影响。但是 L_1 范数不区分误差大小，当残余误差近似高斯模型分布时可能会导致结果不如 L_2 范数（He et al.，2006）。而且 L_1 范数的损失函数在 0 点处不可微[图 3.5（a）]，在梯度下降求解过程中容易产生不稳定值。因此，在超分辨率重建过程中，为了自适应减小较大残余误差的贡献量和平均高斯分布小误差的贡献量，本节提出自适应稳健估计函数，结合 L_1 范数和 L_2 范数的优点，借鉴文献（Zeng et al.，2013）的方法，本节的损失函数如式（3.16）所示，它满足影响函数和小误差呈线性关系、和大误差逐渐趋近为一个常数的关系：

$$\rho(x,a) = a\sqrt{a^2 + x^2} - a^2 \tag{3.16}$$

式中：a 的值根据误差值自适应计算，$\rho(x,a)$ 的影响函数为

$$\psi(x,a) = \frac{ax}{\sqrt{a^2 + x^2}} \tag{3.17}$$

观察图 3.5（b）影响函数的曲线在 L_2 范数和 L_1 范数之间，说明损失函数有界、稳健性好。由 L_2 范数到 L_1 范数的过渡可以通过改变 $\rho(x,a)$ 的参数 a 实现，如图 3.6 所示。当 a 的值趋于 0 时 $\rho(x,a)$ 的形状趋于 L_1 范数的形状，随着 a 值的增大 $\rho(x,a)$ 更趋近于 L_2 范数的形状。可以说 $\rho(x,a)$ 融合了 L_1 范数和 L_2 范数的优点，是一个自适应的稳健范数。根据选择的估计函数得出本书视频影像超分辨率重建的稳健保真项如下：

$$F(\boldsymbol{x}) = \sum_{k=1}^{N} \sum_{m=1}^{M} \rho(e_{k,m}, a_k) = \sum_{k=1}^{N} \sum_{m=1}^{M} \left(a_k \sqrt{a_k^2 + e_{k,m}^2} - a_k^2\right) \tag{3.18}$$

式中：a_k 为第 k 帧影像的阈值参数，根据式（3.18）得到最小化目标函数

$$\hat{\boldsymbol{X}} = \arg\min \sum_{k=1}^{N} \sum_{m=1}^{M} a_k \sqrt{a_k^2 + e_{k,m}^2} \tag{3.19}$$

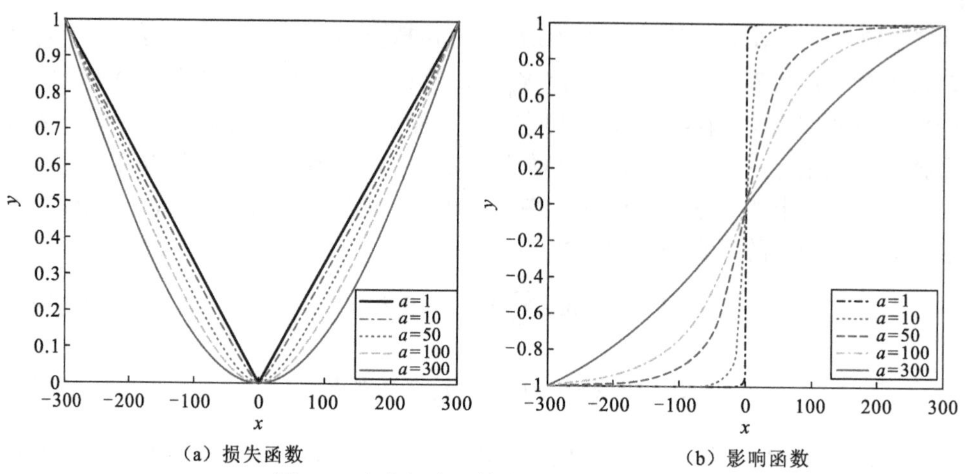

（a）损失函数　（b）影响函数

图 3.6　本章损失函数和影响函数变化图

写成矩阵形式为

$$\hat{\boldsymbol{X}} = \arg\min \sum_{k=1}^{N} a_k \sqrt{a_k^2 + (\boldsymbol{Y}_k - \boldsymbol{D}_k \boldsymbol{B}_k \boldsymbol{F}_k \boldsymbol{X})^2} \tag{3.20}$$

在多帧超分辨率重建问题中，每个低分辨率帧的残余误差主要包括降质模糊误差、运动估计误差、成像噪声误差等，这些误差受时间和成像环境等的影响在不同帧上表现的残差也不同。根据每一帧的残余误差来求解自适应阈值参数 a_k，公式为

$$a_k = -tE_k^2 + r \tag{3.21}$$

式中：$t > 0$，控制二次函数的衰减；$E_k = \| \boldsymbol{D}_k \boldsymbol{B}_k \boldsymbol{F}_k \hat{\boldsymbol{X}}_0 - \boldsymbol{Y}_k \|_1 / M$ 为单帧模拟低分辨率影像和观测影像间的平均残余误差，$\hat{\boldsymbol{X}}_0$ 为初始的高分辨率影像，由参考低分辨率影像插值得到；t、r 分别由式（3.22）、式（3.23）求得（Zeng et al.，2013）。

$$t = \frac{a_{\max} - a_{\min}}{E_{\max}^2 - E_{\min}^2} \tag{3.22}$$

$$r = \frac{a_{\max} E_{\max}^2 - a_{\min} E_{\min}^2}{E_{\max}^2 - E_{\min}^2} \tag{3.23}$$

式中：$a_{\min}$ 取 0.1，$a_{\max}$ 取所有低分辨率影像中最大平均残差，即 $a_{\max} = E_{\max}$。从图 3.6 中可以看出当 M-估计的参数 a 依次取 1、10、50、100、300 时，损失函数和影响函数的曲线逐渐由 L_1 范数过渡到 L_2 范数，说明 M-估计可以通过参数 a_k 在 L_1 和 L_2 范数之间调节，具有灵活和稳健的特性。

3.2.3　顾及运动误差的自适应稳健正则化重建算法

在 MAP 超分辨率重建方法中，双边滤波（Schultz et al.，1996）正则约束项具有去噪和边缘信息保持好、易实现、计算复杂度低的优点。因此本节选择 BTV 作为正则项，采用式（3.18）作为保真项，目标函数如下：

$$\hat{\boldsymbol{X}}=\arg\min\left[\sum_{i=1}^{k}\sum_{m=1}^{M}a_k\sqrt{a_k^2+e_{k,m}^2}+\lambda\sum_{l,h=-P}^{P}\partial^{|l|+|h|}\left\|\boldsymbol{X}-S_x^l S_y^h\boldsymbol{X}\right\|_1\right] \tag{3.24}$$

式中：∂ 为权重参数；P 为一维双边滤波器核参数，滤波器核大小为 $2\cdot P+1$；S_x^l、S_y^h 分别为水平方向平移 l 个像素和垂直方向平移 h 个像素。为了对目标函数进行求解，令

$$C(\boldsymbol{X})=\sum_{i=1}^{k}\sum_{m=1}^{M}a_k\sqrt{a_k^2+e_{k,m}^2}+\lambda\sum_{l,h=-P}^{P}\partial^{|l|+|h|}\left\|\boldsymbol{X}-S_x^l S_y^h\boldsymbol{X}\right\|_1 \tag{3.25}$$

对式（3.25）求梯度得到式（3.26），$\hat{X}_n$ 为第 n 次迭代计算的结果。

$$\nabla C(\hat{\boldsymbol{X}}_n)=\sum_{k=1}^{N}\boldsymbol{F}_k^{\mathrm{T}}\boldsymbol{B}_k^{\mathrm{T}}\boldsymbol{D}_k^{\mathrm{T}}\boldsymbol{W}_{k,n}(\boldsymbol{D}_k\boldsymbol{B}_k\boldsymbol{F}_k\hat{\boldsymbol{X}}_n-\boldsymbol{Y}_k)+\lambda\sum_{l,h=-P}^{P}\partial^{|l|+|h|}(\boldsymbol{I}-S_y^{-h}S_x^{-l})(\mathrm{sign}(\hat{\boldsymbol{X}}_n-S_x^l S_y^h\hat{\boldsymbol{X}}_n)) \tag{3.26}$$

根据最速下降法得到迭代求解公式如下：

$$\hat{\boldsymbol{X}}_{n+1}=\hat{\boldsymbol{X}}_n+\beta\nabla C \tag{3.27}$$

以上两式中：β 为迭代步长；$\mathbf{W}_{k,n}$ 为一个衡量残余误差权的对角矩阵，可以通过式（3.17）$\psi((\boldsymbol{D}_k\boldsymbol{B}_k\boldsymbol{F}_k\hat{\boldsymbol{X}}_n-\boldsymbol{Y})_k[i],a_k)$ 来计算，$(\boldsymbol{D}_k\boldsymbol{B}_k\boldsymbol{F}_k\hat{\boldsymbol{X}}_n-\boldsymbol{Y}_k)[i]$ 为代表残差向量 $(\boldsymbol{D}_k\boldsymbol{B}_k\boldsymbol{F}_k\hat{\boldsymbol{X}}_n-\boldsymbol{Y}_k)$ 的第 i 个元素。

本章算法流程如图 3.7 所示，算法步骤如下。

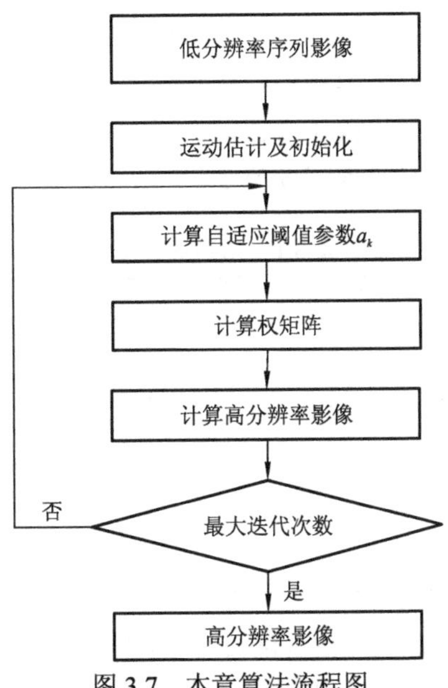

图 3.7　本章算法流程图

（1）在影像序列中选择一帧作为基准帧。
（2）采用全局运动估计方法计算相邻帧相对基准帧的运动矩阵 $\boldsymbol{D}_k$。
（3）采用双线性内插方法初始化高分辨率影像 $\hat{\boldsymbol{X}}_0$。
（4）利用式（3.21）计算自适应阈值参数 a_k，利用式（3.17）计算权矩阵。
（5）利用式（3.27）计算 $\hat{\boldsymbol{X}}_{n+1}$。
（6）输出高分辨率影像。

3.3 实验结果与分析

3.3.1 单帧光学卫星视频图像复原实验

1. 实验数据说明

以“吉林一号”卫星视频某帧图像作为实验数据，实验区域为墨西哥杜兰戈市区。实验过程：首先用本章方法优化估计 PSF 模板，然后为验证该模板的可行性，将模板用于维纳滤波经典方法中，进行对比实验，并讨论优化估计的 PSF 的大小对复原结果的影响；最后，将优化估计的 PSF 用于本章的稀疏约束复原模型。

2. 优化估计 PSF 模板

实验选取图像上清晰、明亮、独立的近似点状地物，如图 3.1（a）所示，首先用椭圆抛物面模型拟合实际地物点，得到的模型参数 P、Q、X、Y、Z 值及模板如表 3.1 所示，然后将该模板作为初值，代入归一化稀疏模型中，进一步得到优化估计的 9×9PSF 模板，如图 3.8 所示。

表 3.1　初始核数据

模型参数	椭圆抛物面模型 PSF（尺寸 3×3 像素）		
P=−0.051 4 Q=−0.046 4	0.011 3	0.083 8	0.011 3
X=6	0.083 8	0.619 3	0.083 8
Y=5 Z=231	0.011 3	0.083 8	0.011 3

为验证本章方法估计的 PSF 模板的可行性，用维纳滤波复原方法进行验证。并将 Krishnan 等（2011）估计的 PSF 模板进行对比。首先，将本章方法得到的初始

（a）Krishnan等（2011）估计的PSF　（b）本章方法优化估计的PSF

图 3.8　输出核数据

PSF，如表 3.1 所示，代入归一化稀疏约束模型中，计算出 9×9 像素的 PSF。再分别将本章方法的 PSF 与 Krishnan 等（2011）的同为 9×9 像素的 PSF 代入维纳滤波中复原，复原结果如图 3.9 所示。

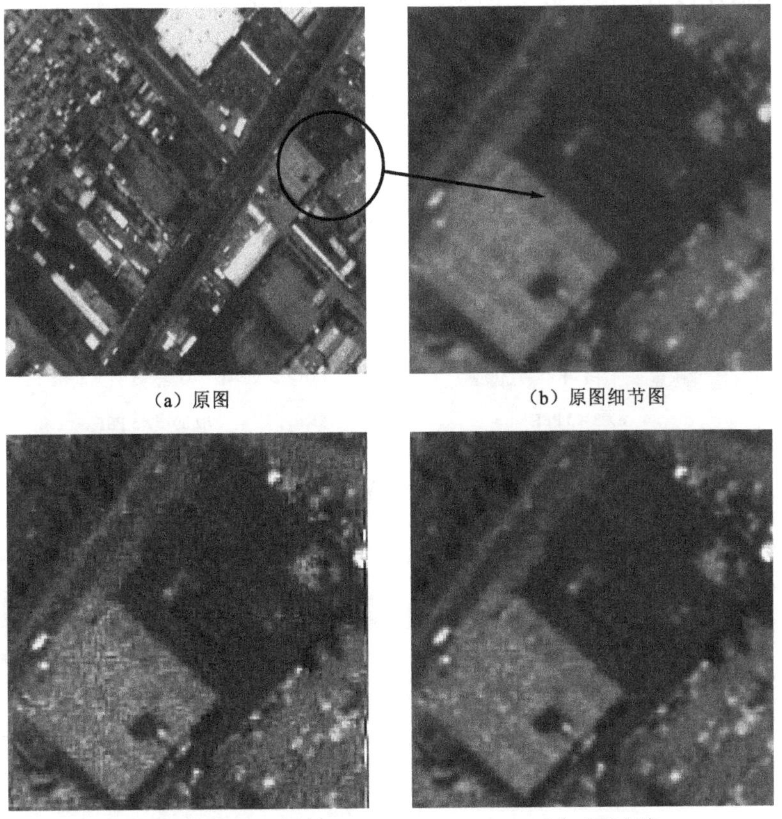

（a）原图　（b）原图细节图

（c）Krishnan等（2011）方法　（d）本章方法

图 3.9　维纳滤波复原细节图

图 3.9（c）是利用 Krishnan 等（2011）的方法估计出来的 PSF 再代入维纳滤波中进行的实验结果，其中噪信比为 0.01 时，复原效果达最佳。图 3.9（d）是用椭圆抛物面方法估计出的同尺寸的 PSF 复原的结果，当信噪比为 0.05 时，效果最佳。图 3.9（c）中尽管图像变得清晰，但存在很明显的网格状噪声，用本章方法能更好地还原地物信息且不存在产生新的噪声的情况。实验结果证实了椭圆抛物面方法估计 PSF 模型的可用。

3. 基于优化 PSF 估计的稀疏约束复原实验

在图像复原中，振铃效应是一个不可忽视的问题，严重降低复原图像的质量，其典型表现是在图像灰度剧烈变化的临域出现类吉布斯分布。在图像盲复原中，振铃效应的影响因素有两个，一是该幅图像中 PSF 模板的准确程度，二是 PSF 模板的尺寸。本章进一步通过实验讨论 PSF 模板的尺寸问题。

基于归一化稀疏的 PSF 模板的尺寸设置包括初始值尺寸和输出尺寸。实验中，分别设定 PSF 初始尺寸为 3×3、5×5、9×9、13×13（单位：像素），用椭圆抛物面方法估计初始 PSF，初始形态分别如图 3.10 所示。

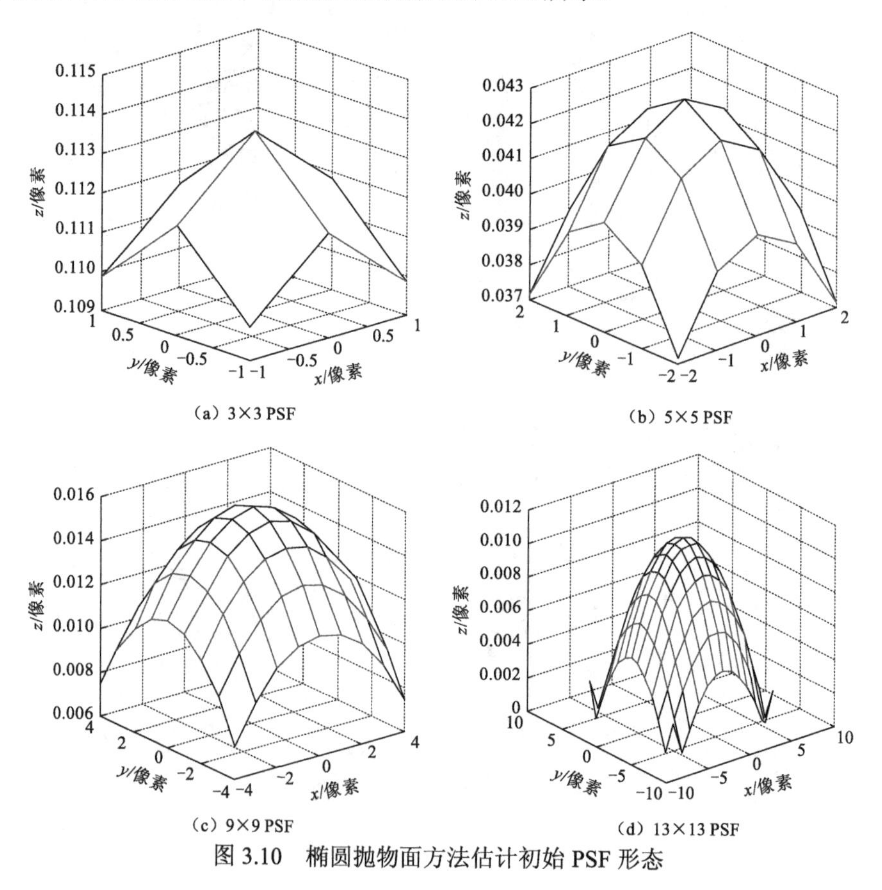

图 3.10　椭圆抛物面方法估计初始 PSF 形态

图 3.10（d）显示，当初始 PSF 的尺寸设定过大时，会出现模糊核边缘值反升情况，这是由在计算时对于模糊核非负性约束导致的，此时并不是实际的 PSF 形态。因此，模糊核的初始尺寸不宜选取过大。由于本章复原采用的是归一化稀疏复原模型，该模型含有模糊核约束项，在复原求解过程中能够更新求解出模糊核，考虑复原求解和迭代计算效率，此处的模糊核一般设置为 3×3 大小。

新的模糊核输出结果是指初始核经过归一化稀疏复原模型迭代计算后得到的，它直接影响复原的结果。本章通过截取退化图像上线状地物的复原实验验证输出的新 PSF 尺寸对结果的影响。实验用 2.1 节中估计出的初始 3×3 像素的模糊核进行迭代计算，分别输出 5×5、9×9、13×13 和 19×19（单位：像素）的模糊核进行复原，结果如图 3.11 所示。

（a）线状地物与细节图

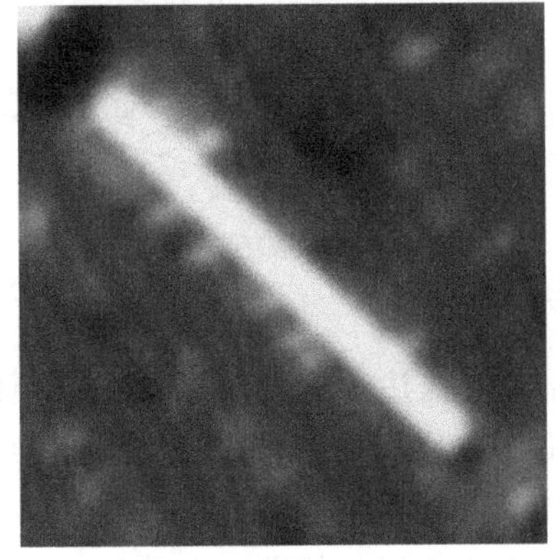

（b）5×5 PSF

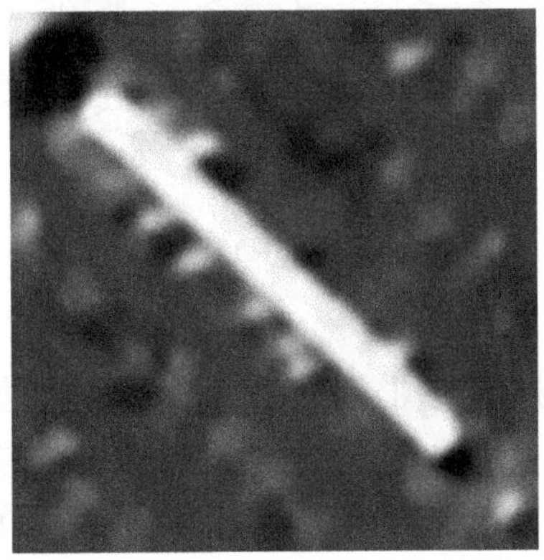

（c）9×9 PSF

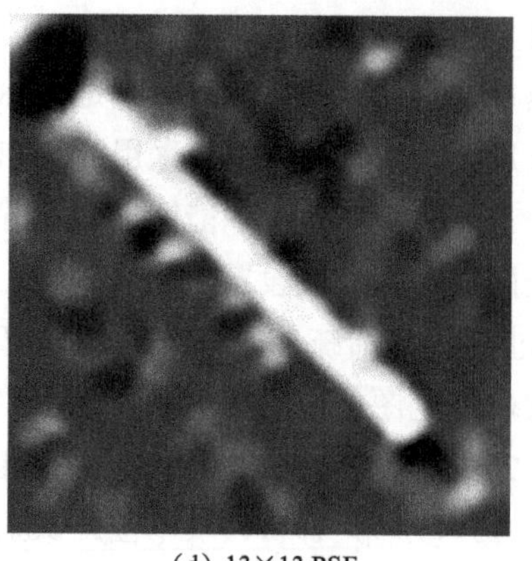

（d）13×13 PSF

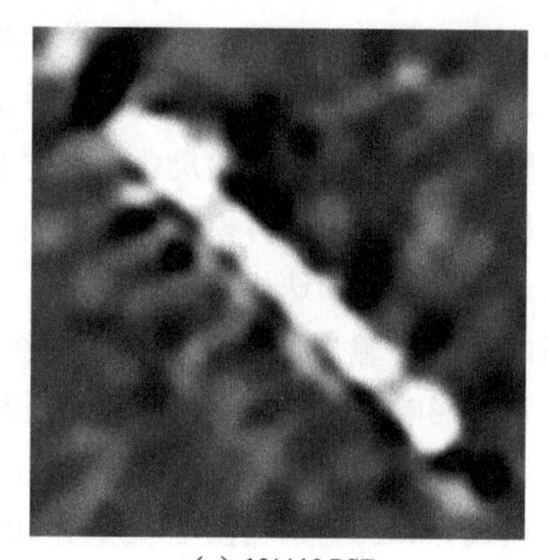

（e）19×19 PSF

图 3.11　不同尺寸的 PSF 对结果的影响

实验结果表明，使用 9×9 尺寸的模糊核复原结果较好，模糊核过小会丢失地物信息，如图 3.11（b）所示，而过大会导致地物过锐化现象，如图 3.11（d）、（e）所示，明显破坏了原始地物信息，因此本章的实验图像选用的最佳尺寸为 9×9 像素。

用 2.1 节方法估计出图像的 PSF 初始值，迭代计算后得到的 9×9 像素的 PSF 模糊核如图 3.12 所示。对卫星图像进行复原，复原结果如图 3.13 所示。

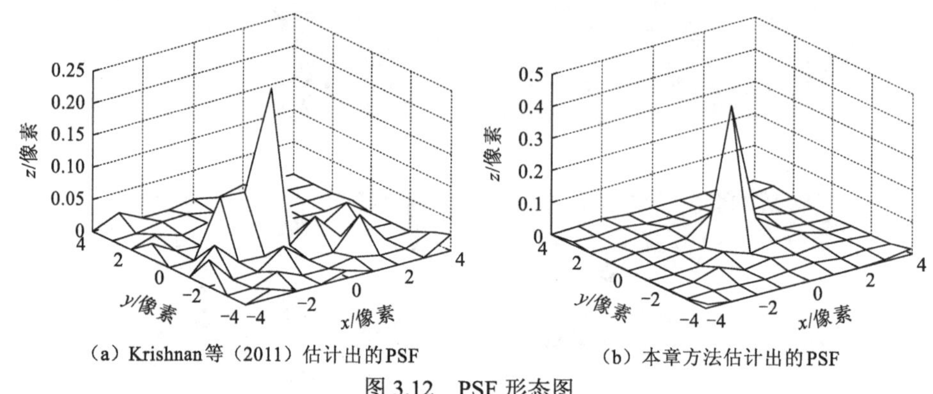

（a）Krishnan等（2011）估计出的PSF　　（b）本章方法估计出的PSF

图 3.12　PSF 形态图

通过实验图像的对比，本章方法复原的图像边缘更加清晰，视觉上能够显示出更丰富的地物信息。Krishnan 等（2011）复原出的图像也存在过多的噪声且边界过亮，有振铃的现象，这是由 PSF 模型估计不准确导致的结果，本章采用的椭圆抛物面的方法估计 PSF，一定程度上改善了此问题，复原结果也没有出现过锐化的现象。

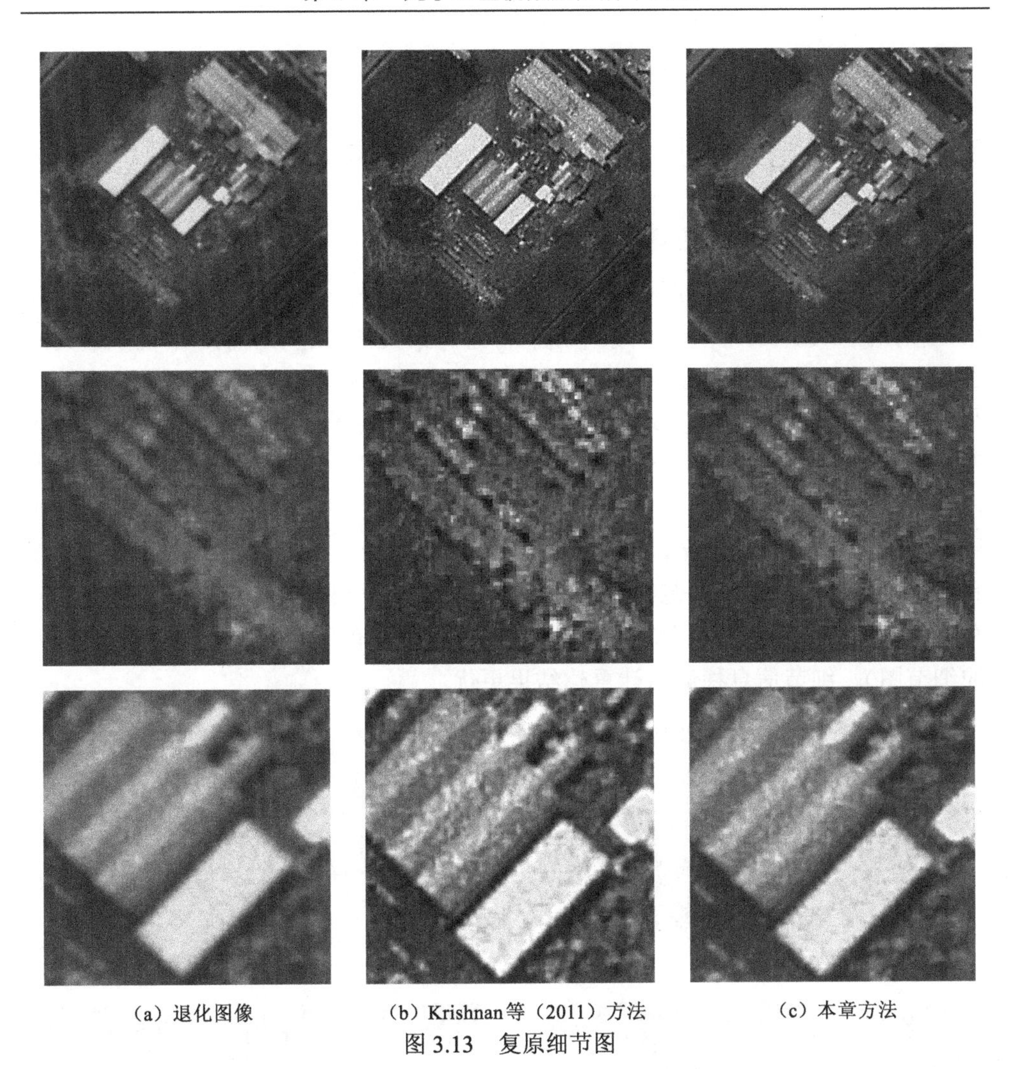

（a）退化图像　　（b）Krishnan等（2011）方法　　（c）本章方法

图 3.13　复原细节图

4. 分析与评价

对复原前后图像分别用信噪比（SNR）和信息熵进行评价，结果如表 3.2 所示。

表 3.2　精度分析

参数	原图	Krishnan 等（2011）方法	本章方法
SNR	50.538 3	36.608 1	58.167 2
信息熵	7.271 9	6.947 4	6.798 7

如表 3.2 所示，本章方法对退化图像的信噪比有一定提升，信息熵值优于他人方法。结果表明，基于优化 PSF 估计的稀疏约束的图像盲复原方法可以用于卫

星图像的复原。对于卫星图像成像这种复杂的情况，本章方法更佳。

3.3.2 多帧光学卫星视频超分辨率重建实验

1. 稳健保真项的鲁棒性验证实验

卫星视频实验采用 20 帧大小为 200×200 的吉林一号视频影像序列，原序列第一帧如图 3.14（a）所示。场景中既有静态背景又含有运动车辆，单辆车最大约占 64 个像素，影像中红框标出的 3 个区域有运动车辆，车辆约占图幅的 0.5%。与前一组实验方法相同，处理结果如图 3.14 所示。由于运动车辆占整个图幅的比例较低，大多数图像内容是适宜全局运动估计的背景，运动估计误差也比前一组占的比例少，所以整体上影像信息重建后都有改善。L_2 范数重建后车辆出现“拖尾”，如图 3.14（b）所示，说明 L_2 范数受运动估计误差影响很大。图 3.14（c）和图 3.14（d）是基于 L_1 范数和稳健保真项的重建结果，整体效果相近，背景和车辆均比原图清晰，但在车辆细节方面 L_1 范数结果有平滑的效果（如图 3.14 中的细节图），细节信息稳健估计重建结果更优。

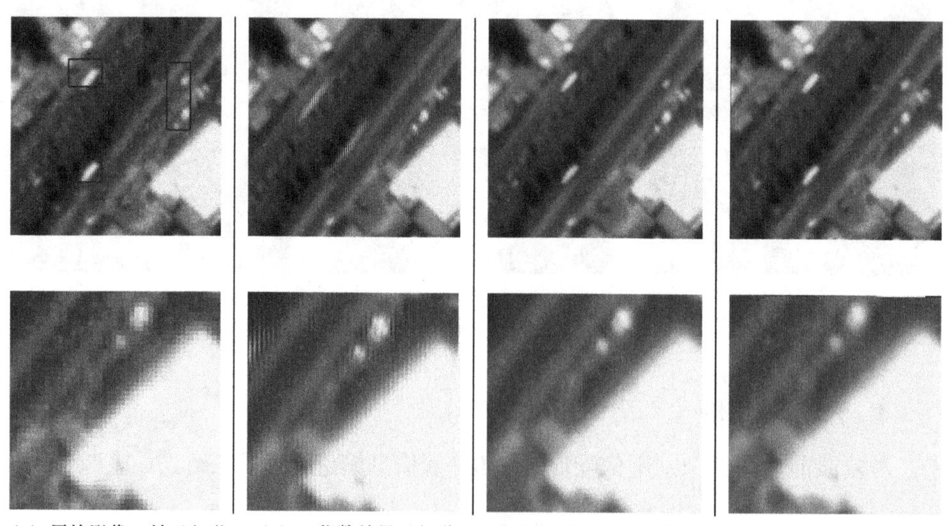

（a）原始影像一帧及细节　（b）L_2 范数结果及细节　（c）L_1 范数结果及细节　（d）稳健保真项及细节

图 3.14　卫星视频影像序列

2. 稳健保真项加入正则项约束的重建实验

本组实验的目的是在稳健保真项的前提下，对存在模糊、噪声的低分辨率视频序列分别用 Tikhonov、TV、BTV 正则项进行重建，从而找到最佳的正则项。

实验数据为 MDSP 实验室的 eia_lr 视频图像，共 16 帧。原图如图 3.15（a）所示，图 3.15（b）、（c）分别是 Tikhonov 和 TV 正则项重建结果，影像中噪声的抑制情况一般，字迹有些模糊。图 3.15（d）是 BTV 正则项重建结果，噪声得到抑制，边缘保持较好，细节更清晰。所以 BTV 项作为正则项约束项是最优的。

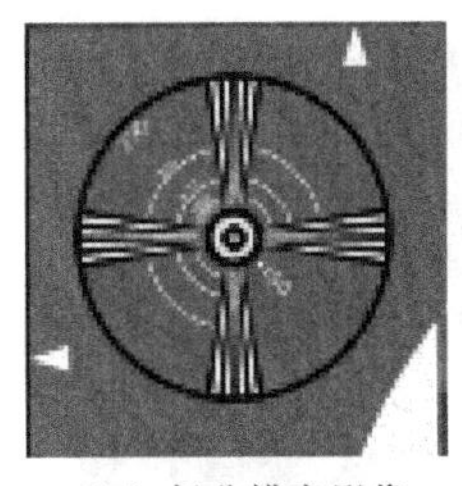
（a）低分辨率影像

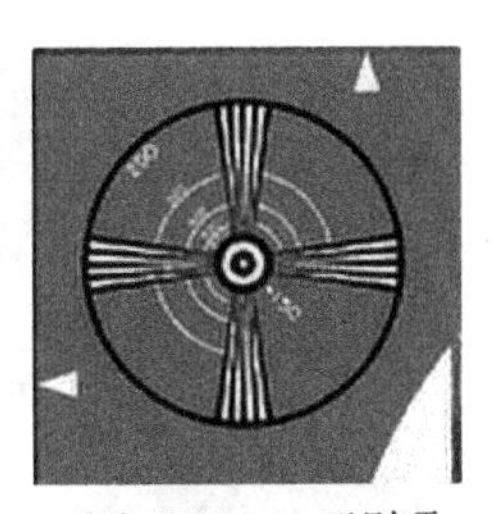
（b）Tikhonov 正则项

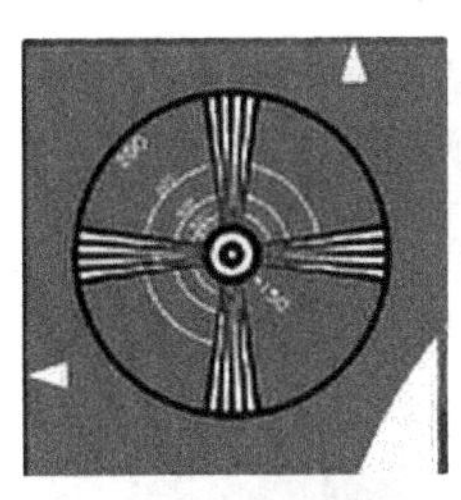
（c）TV 正则项

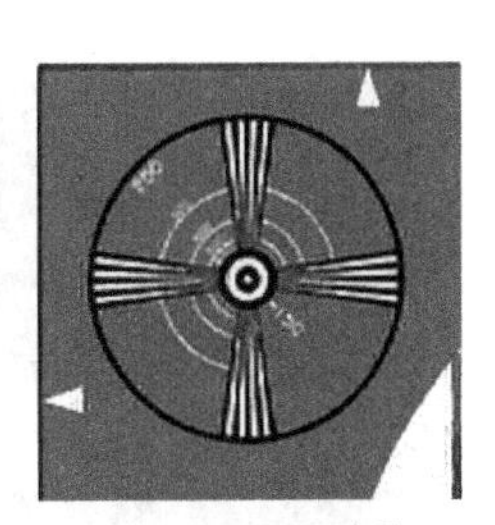
（d）BTV 正则项

图 3.15　不同正则项重建结果比较

3. 重建算法验证

本组实验的目的是验证本章算法对含有运动场景的“凝视”卫星视频数据超分辨率重建的鲁棒性。实验数据分别为 SkyBox 和“吉林一号”的“凝视”视频数据，视频帧率分别为 30 帧/s 和 25 帧/s，分辨率分别为 0.9 m 和 1.1 m，分别选取了哈里发塔地区和墨西哥杜兰戈地区为实验区域。实验区域中大部分地物为静止的背景地物，动态地物为运动的飞机或车辆。实验中重建帧数为 5 帧、重建倍数为 2，$\beta=0.1$，$P=2$，$\partial=0.7$，$\lambda=0.01$，最大迭代次数为 150。为对比重建效果，实验中与约束项均为 BTV 但保真项分别为 L_1 范数（下文简称方法 1）和 L_2 范数（下文简称方法 2）的重建方法对比。

SkyBox 卫星数据原始影像如图 3.16（a）所示。由全局运动估计的原理可知静态地物运动估计相对准确飞机的运动估计含有误差。对比实验结果细节可以看出，三种方法重建后影像中的静态地物细节比原始影像更丰富，地物中的河流和建筑物的边缘轮廓都比原图清晰，但是影像中运动的飞机重建后差异很大。方法 2 的结果如图 3.16（b）、（f）所示，运动飞机模糊不清。本章方法和方法 1 的结果均优于方法 2，但方法 1 的飞机重建后轮廓边缘没有本章方法细节清晰，本章方法的机身内部像素信息更均匀，保持了原始影像中刚体运动的一致性，并且增加了局部细节信息。因此，实验说明本章方法对运动参数估计误差不敏感，可以在含有运动误差的情况下同时较好地重建静态和动态地物。

“吉林一号”卫星数据原始影像如图 3.17（a）所示。由于车辆与静止的建筑物等存在运动状态的差异，运动估计误差主要体现在车辆部分。对比重建前后影像可以发现，三种方法重建后的静态背景信息都较好，如图 3.17（e）中的蓝框部

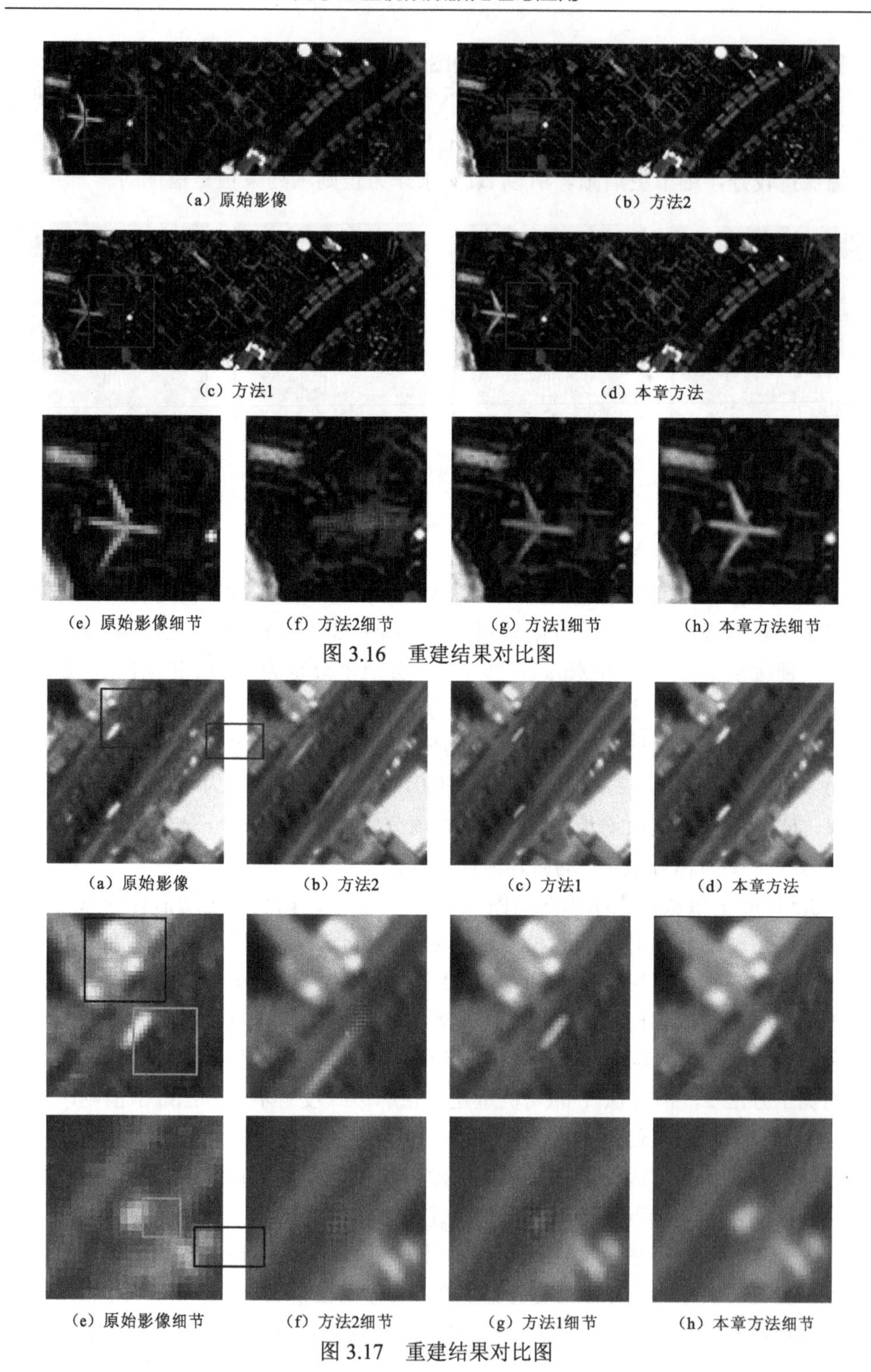

（a）原始影像　（b）方法2

（c）方法1　（d）本章方法

（e）原始影像细节　（f）方法2细节　（g）方法1细节　（h）本章方法细节

图 3.16　重建结果对比图

（a）原始影像　（b）方法2　（c）方法1　（d）本章方法

（e）原始影像细节　（f）方法2细节　（g）方法1细节　（h）本章方法细节

图 3.17　重建结果对比图

分对应的建筑物信息边缘和内部信息都比原图清晰，但运动车辆的重建结果差异较大。方法 2[如图 3.17（e）中的黄框部分对应的（b）和（f）]重建后车辆内部的像素信息存在黑白像素交替的格网，“拖尾”现象严重。方法 1[如图 3.17（c）、(g）]中车辆虽然“拖尾”不明显，但是车辆内部存在黑白格网的现象[图 3.17（g）]。本章方法[图 3.17（d）]重建后的车辆不仅保持了原始车辆信息而且轮廓和内部信息都很清晰，不存在“拖尾”和“黑色格网”现象，细节信息保存得更加完好。

图像质量评价方法一般根据图像处理的目的选择，如融合方法评价时从光谱信息保真度方面评价（王密 等，2018），本章主要从图像清晰程度方面进行评价。由于清晰影像一般比模糊影像具有更大的灰度级差异，采用归一化方差（NorVar）和梯度能量（energy of gradient，EOG）指标对实验结果进行客观评价（翟永平 等，2011）。NorVar 的值越小、EOG 的值越大说明影像画面越纯净清晰。评价结果如表 3.3 所示。从表 3.3 中可以看出，与原始影像相比重建后影像的 NorVar 减小、EOG 值增大，说明重建后影像总体上信息量增加，而且本章方法优于其他两种方法。

表 3.3　客观评价指标

项目	实验一		实验二	
	NorVar	EOG	NorVar	EOG
原始影像	22.67	139.45	13.04	29.14
方法 1	21.99	269.16	12.73	30.34
方法 2	21.59	194.07	12.53	30.19
本章方法	21.18	272.16	12.41	36.28

参 考 文 献

郭德全，杨红雨，刘东，等，2012. 基于稀疏性的图像去噪综述. 计算机应用研究，29(2): 406-413.

胡义函，张小刚，陈华，等，2012. 一种基于鲁棒估计的极限学习机方法. 计算机应用研究，29(8): 2926-2930.

卜丽静，张过，张正鹏，2015. 基于角反射器成像点的 SAR 图像 PSF 估计方法. 中国矿业大学学报，44(6): 1134-1139.

卜丽静，郑新杰，肖一鸣，等，2017. 吉林一号卫星视频影像超分辨率重建. 国土资源遥感(4): 67-75.

王密, 何鲁晓, 程宇峰, 等, 2018. 自适应高斯滤波与SFIM模型相结合的全色多光谱影像融合方法. 测绘学报, 47(1): 82-90.

翟永平, 周东翔, 刘云辉, 等, 2011. 聚焦函数性能评价指标设计及最优函数选取. 光学学报(4): 242-252.

CHAN T F, WONG C K, 1998. Total variation blind deconvolution. IEEE Transactions on Image Processing A Publication of the IEEE Signal Processing Society, 7(3): 370-375.

ELAD M, HEL-OR Y, 2002. A fast super-resolution reconstruction algorithm for pure translational motion and common space-invariant blur. IEEE Transactions on Image Processing A Publication of the IEEE Signal Processing Society, 10(8): 1187-1193.

HE H, KONDI L P, 2006, An image super-resolution algorithm for different error levels per frame. IEEE Transactions on Image Processing, 15(3): 592-603.

KRISHNAN D, FERGUS R, 2009. Fast image deconvolution using Hyper-Laplacian Priors// Conference on Neural Information Processing Systems, Proceedings of A Meeting Held: Vancouver, British Columbia, Canada. DBLP: 1033-1041.

KRISHNAN D, TAY T, FERGUS R, 2011. Blind deconvolution using a normalized sparsity measure// Copputer Vision and Pattern Recognition, IEEE: 233-240.

RUBIN, DONALD B, 2006. Iteratively reweighted least squares. Encyclopedia of Statistical Sciences. New York: John Wiley & Sons, Inc.,: 2926-2936.

SCHULTZ R R, STEVENSON R L, 1996. Extraction of high-resolution frames from video sequences. IEEE Transactions on Image Processing: A Publication of the IEEE Signal Processing Society, 5(6): 996-1011.

WU G, LUO S, 2013. Adaptive fixed-point iterative shrinkage/thresholding algorithm for MR imaging reconstruction using compressed sensing. Magnetic Resonance Imaging, 32(4): 167-178.

ZENG X, YANG L, 2013. A robust multiframe super-resolution algorithm based on half-quadratic estimation with modified BTV regularization. Digital Signal Processing, 23(1): 98-109.

第4章　光学卫星视频动目标检测

作为视频智能分析的基础，基于视频图像的运动目标检测是目标识别、跟踪和行为理解等后续视频处理技术应用的前提和基础，具有很大的研究意义和应用价值。本章将介绍经典视频动目标检测方法及光学卫星视频动目标检测任务特点和方法的研究现状，在经典背景减除法 ViBE 框架下提出一套面向光学卫星视频的地面动目标检测方法，针对检测过程中存在的视差、鬼影、随机噪声及耗时较长等问题，对原算法进行适应性的改进。

4.1　经典视频动目标检测原理

运动目标检测是指从序列图像中将人们感兴趣的运动目标从背景图像中自动提取出来，它的具体任务主要有两个：一是判断序列图像中是否存在运动目标；二是指示运动目标在序列图像中的位置。

根据所处理数据对象的不同，目前常用的运动目标检测方法主要分为基于背景建模和基于前景目标建模这两大类方法（尹宏鹏 等，2016）。经典的背景建模方法主要有光流法、帧间差分法和背景减除法这三种；而前景目标建模则是通过对目标样本的特征表达和学习，并利用训练好的分类器对目标与背景作二分类，实现序列图像上的动目标检测，即采用“特征表达＋分类器”的通用框架，从而衍生出众多检测方法。下面简要介绍这几类算法的原理。

4.1.1　光流法

光流的概念最早由 Gibson 在 1950 年提出。当人们在观察运动物体时，现实世界中的运动物体像视频图像一帧一帧地投影到人眼的视网膜上，如同光信息在人眼中流动，因此这种连续变化的信息就被称为光流（optical flow）（陈超，2011）。在数字图像中，光流可以看作是运动物体在二维平面投影上的其中一个像素点的瞬时速度矢量，当整幅图像上像素点的光流都能被计算出来时，就可以得到该幅图像的光流场。

显然，在光流场中各像素点的光流之间并不是相互孤立的，而是在时间域和空间域上存在连续性和相关性。因此，通过分析视频序列中的光流特性，能够确定各像素位置的运动状态，利用静止区和运动区中光流矢量的差异性，将运动目标从背景中分割出来。这是利用光流法检测序列图像中运动目标的基本原理。

1. 光流基本方程

光流法假设运动目标的瞬时灰度值不变，即在视频序列中相邻两帧图像上的同一位置像素的灰度值具有一致性，由此推导出了经典的光流基本方程（Horn et al.，1980）。

假设像素点 (x,y) 在 t 时刻的灰度值为 $I(x,y,t)$，在 $t+\delta t$ 时刻该像素点运动到位置 $(x+\delta x, y+y\delta y)$，灰度值记作 $I(x+\delta x, y+y\delta y, t+\delta t)$，则根据灰度一致性的假设可以得到

$$I(x+\delta x, y+y\delta y, t+\delta t) = I(x,y,t) \tag{4.1}$$

将上式进行泰勒级数展开得

$$I(x+\delta x, y+\delta y, t+\delta t) = I(x,y,t) + \frac{\partial I(x,y,t)}{\partial x}\delta_x + \frac{\partial I(x,y,t)}{\partial y}\delta_y + \frac{\partial I(x,y,t)}{\partial t}\delta_t + e(x) \tag{4.2}$$

其中，$e(x)$ 为关于 δ_x、δ_y、δ_t 的高阶（≥2）展开项。将上式两边除以 δ_t 并使 $\delta_t \to 0$，化简得

$$\frac{\partial I(x,y,t)}{\partial x}\frac{\delta_x}{\delta_t} + \frac{\partial I(x,y,t)}{\partial y}\frac{\delta_y}{\delta_t} + \frac{\partial I(x,y,t)}{\partial t} = 0 \tag{4.3}$$

令 $u = \frac{\delta_x}{\delta_t}$，$v = \frac{\delta_y}{\delta_t}$，$I_x = \frac{\partial I(x,y,t)}{\partial x}$，$I_y = \frac{\partial I(x,y,t)}{\partial y}$，$I_t = \frac{\partial I(x,y,t)}{\partial t}$，可得

$$I_x u + I_y v + I_t = 0 \tag{4.4}$$

式（4.4）即为光流基本方程，表示像素值灰度在时间上的微分等于像素梯度和光流速度的点积。其中，I_x、I_y、I_t 可直接从图像中计算得到，然而方程中存在 u、v 两个未知量，仅依据光流基本方程无法得到像素点的瞬时速度矢量即光流值，需要引入其他约束条件来共同求解未知量 u、v，由此形成不同的光流分析方法。其中，最具代表性的是引入全局平滑性约束的 Hom-Schunck（H-S）光流法和引入局部平滑性约束的 Lucas-Kanade（L-K）光流法。

2. H-S 光流法

H-S 光流法（Horn et al.，1980）根据光流场偏离基本等式误差最小的原则，定义下式的光流约束因子 e：

$$e = I_x u + I_y v + I_t \tag{4.5}$$

另外，H-S 光流法引入光流场梯度模 $\sqrt{\|\nabla u\|^2+\|\nabla v\|^2}$ 表征光流场的全局平滑性，即全局平滑约束因子 e_g，当 e_g 越小说明光流场越平滑。

$$e_g=\sqrt{\|\nabla u\|^2+\|\nabla v\|^2}=\sqrt{u_x^2+u_y^2+v_x^2+v_y^2} \tag{4.6}$$

当光流约束因子 e 和全局平滑约束因子 e_g 达到最小时得到最理想的光流场估计，即要求整体误差 E 最小，即

$$E=\iint(e^2+\alpha e_g^2)\mathrm{d}x\mathrm{d}y \tag{4.7}$$

式中：α 为控制全局平滑性的参数，当图像噪声较大时，增大 α 值可提高全局平滑因子 e_g 的约束强度；反之，提高光流约束因子 e 的约束力。

3. L-K 光流法

L-K 光流法（Lucas et al.，1981）假设图像在一个小的局部区域 Ω 上瞬时速度保持恒定，在光流基本方程的基础上可定义一个超定方程组，即

$$I_x(X_i)u+I_y(X_i)v+I_t(X_i)=0,\quad X_i\in\Omega\,(i=0,1,\cdots,n-1) \tag{4.8}$$

因此可用最小二乘法（least squares，LS）估计光流，光流估计误差可定义为

$$E=\sum_{x_i}I_x(X_i)u+I_y(X_i)v+I_t(X_i))^2,\quad X_i\in\Omega\,(i=0,1,\cdots,n-1) \tag{4.9}$$

L-K 光流法具有准确度高、可直接计算检测目标运动参数等优点，但其计算方法复杂，并且假设存在局限性，对噪声特别敏感，例如当运动速度较大时，基于灰度一致性的假设会导致光流估计出现较大的误差等。

4.1.2　帧间差分法

帧间差分法是在摄影机噪声和误差都很小、短时间内光线不发生突变、背景图像灰度级基本保持稳定的前提假设下，通过求取相邻帧图像的灰度差值并对结果进行阈值化处理得到前景运动目标（Mech，1997）。

1. 两帧差分法

设 $I_k(x,y)$ 和 $I_{k+1}(x,y)$ 分别表示视频第 k 帧和第 $k+1$ 帧中像素点 (x,y) 的灰度值，T 为设定的阈值，当差分图像像素点 $D_k(x,y)$ 的像素值大于或等于阈值 T 时，认为该点是前景点，否则是背景点，$R_k(x,y)$ 为阈值化处理后的二值图像。

两帧差分法的计算过程如下：

（1）差分图像的获取：

$$D_k(x,y)=|I_{k+1}(x,y)-I_k(x,y)| \tag{4.10}$$

（2）差分图像阈值化处理：

$$R_k(x,y)\begin{cases}1, & D_k(x,y)\geqslant T\\0, & D_k(x,y)<T\end{cases} \tag{4.11}$$

式中：0 表示背景像素，二值化图像中呈现为黑色；1 表示运动目标像素，二值化图像中呈现为白色。

两帧差分法原理简单、计算量小，对动态环境如光照变化等因素具有较强的自适应性，可适用在摄影机移动和视频中存在多目标的情况（冯尧文，2011）。但该算法对目标的运动速度有一定要求，需要选择合适的时间间隔。当目标运动做减速运动时，一般仅能获得运动区域的轮廓且检测出的区域相比于实际较大，无法完整地得到所有相关的像素特征点，出现目标漏检或目标内部空洞的问题；目标做加速运动时则容易出现多检的问题（胡敬舒，2013）。针对上述问题，主要通过改进三帧差分法解决。

2. 三帧差分法

三帧差分法是对连续三帧图像的两幅两帧差分图像进行逻辑“与”操作，再通过阈值化处理得到前景运动目标（Weng et al.，2010）。其公式可表达如下：

$$R_k(x,y)=|I_{k+1}(x,y)-I_k(x,y)|\otimes|I_{k+2}(x,y)-I_{k+1}(x,y)| \tag{4.12}$$

式中：$I_k(x,y)$、$I_{k+1}(x,y)$、$I_{k+2}(x,y)$ 分别为第 k、$k+1$、$k+2$ 帧图像中像素点 (x,y) 的灰度值。

三帧差分法能通过累积差分的方式，有效消除两帧差分法检测结果中的虚警像素点，获得更加准确清晰的前景运动目标轮廓，但该算法仍对检测目标运动速度和阈值设置有较高要求。

4.1.3　背景减除法

背景减除法是通过将当前帧与事先构建好的背景模型做差分运算得到前景目标，其步骤一般包括背景模型初始化、运动前景目标分割和模型的更新维护三个部分，是在运动目标检测任务中应用最广泛的方法（Andrews et al.，2014）。相比于帧间差分法，背景减除法虽然同样做差分运算，但其用作差分的基准图像是通过对一段时间的视频序列进行学习所获得的背景恢复图像，因而能更准确地提取出运动目标，但仍需要考虑光照变化、动态干扰、目标阴影及其运动状态等引起背景变化的因素。

背景模型的准确程度是决定其检测性能的关键，背景减除法要求构建一幅不含运动目标的背景图像并对其进行实时更新维护（陈星明，2015）。不同背景构建方法可衍生出不同的基于背景减除原理的动目标检测算法，如中值滤波器（Koller et al.，1994）、统计平均法（Wren et al.，1997）、W4 方法（Haritaoglu et al.，1998）、卡尔曼滤波器（Stauffer et al.，1999）、单高斯模型、高斯混合模型（Gaussian mixture model，GMM）（Chris，2000）、核函数密度估计（Wu et al.，2002）、自组织背景检测（self-orgnization background subtraction，SOBS）（Maddalena et al.，2008）、视觉背景提取器（visual background extraction，ViBE）（Barnich et al.，2011）和像素层自适应分割（pixel-based adaptive segmenter，PBAS）（Hofmann et al.，2012）等。

下面介绍两种经典的背景减除方法：高斯混合模型和视觉背景提取器。

1. 高斯混合模型

高斯混合模型是一种利用多个高斯模型描述视频场景中像素点的各特征值、实现背景模型自适应构建的动目标检测方法（Chris，2000）。它的基本思想是为每个像素构建多个高斯函数来描述其颜色内容，以适应像素灰度值在时间轴上分布呈现出多模态的情况，克服单高斯模型无法描述动态复杂背景的缺陷。

对于 t 时刻任意一像素点 x，用高斯混合模型可表示为

$$P(x^t)=\sum_{k=1}^{K}\omega_k^t N_k(x^t,\mu_k^t,\sigma_k^t) \tag{4.13}$$

式中：K 为所构建的高斯分布函数的数量，一般为 3～5 个，ω_k^t、μ_k^t、σ_k^t 分别为第 k 个高斯分量的权重（$\sum_{k=1}^{K}\omega_k^t=1$）、均值、标准差。

高斯混合模型的动目标检测算法流程如下。

1）背景模型初始化

一般通过统计视频序列的前几帧获得式（4.13）中 ω_k^t、μ_k^t、σ_k^t 等参数的初始化的值。

2）前景划分

GMM 描述了每个像素点在时间轴上的变化，由于像素点既可能是背景也可能是前景目标，可将 K 个模态分为描述背景和描述前景这两类。在一般情况下，一帧图像中的背景像素比重远大于前景像素，且背景像素在时间上的稳定性高于前景像素，因此选择方差较小、权重较大的高斯分量描述背景，用方差较大、权重较小的分量描述前景。将 K 个高斯分量按 $\frac{\omega_k}{\sigma_k^2}$ 由大到小排序，通过阈值 T 来选择前 B 个分量表征背景，其余归为前景，即

$$B=\arg\min\left(\frac{\sum_{k=1}^{b}\omega_k^t}{\sum_{k=1}^{K}\omega_k^t}>T\right) \tag{4.14}$$

3）模型匹配

将每一个新进样本 x^t 与其对应的背景分量匹配，即

$$\frac{x^t-\mu_k^t}{\sigma_k^t}\leqslant T,\quad i=1,2,\cdots,K \tag{4.15}$$

式中：T 为判断阈值，通常设为 2.5。

4）模型更新

依据上式，当样本 x^t 能与其对应的任意一个高斯分量匹配，则视为该样本能与高斯分量匹配，并更新其参数，更新公式为

$$\omega_k^t=(1-\alpha)\omega_k^{t-1}+\alpha \tag{4.16}$$

$$\mu_k^t=(1-\rho)\mu_k^{t-1}+\rho \tag{4.17}$$

$$\sigma_k^{t^2}=(1-\rho)\sigma_k^{t-1^2}+\rho(x^t-\mu_k^t)^2 \tag{4.18}$$

式中：α 为算法学习率，一般取 $0<\alpha<1$；ρ 为参数学习率，一般取值为 α/ω_k^t，用于控制模型的更新速度。

当无法找到能与样本 x^t 相匹配的高斯分量时，则用该样本替换背景模型中权重最小的分量，令其均值为灰度值 x^t，标准方差取较大值，权重取较小值，并对各分量进行归一化处理：

$$\omega_k^t=(1-\alpha)\omega_k^{t-1} \tag{4.19}$$

基于高斯混合模型的动目标检测方法抗噪性能较好，但增加了计算复杂度，影响实时性。

2. 视觉背景提取器

视觉背景提取器算法（Barnich et al.，2011），是一种基于像素采样的高效背景建模方法。该算法首次采用了随机采样的策略，保证背景模型中每个像素的生命周期呈现指数平滑式的单调衰减特征，提高模型的运算效率。相比于其他基于背景建模的算法而言，ViBE 算法计算简单、抗噪能力好、实时性强且容易实现，具有较强的实用性。

与大多数背景建模算法一样，ViBE 算法流程可依次分为三个部分：背景模型初始化、前景检测与分割、模型的更新维护。

1）背景模型初始化

基于单帧影像上相邻像素值的空间分布具有相似性的假设，ViBE 算法通过对视频序列中首帧影像进行采样，构建描述往后视频帧背景的基准模型。

在视频的第 1 帧时，算法随机采集每个像素 x 在 8 邻域范围 $N_8(x)$ 内的像素值 $v_i(x)$，为每个像素 x 建立样本容量为 N 的背景模型 $M(x)$，见式（4.20）和式（4.21）。

$$N(x)=\{v_i(y)\mid y\in N_8(x)\} \tag{4.20}$$

$$M(x)=\{v_1,v_2,\cdots,v_N\} \tag{4.21}$$

2）前景检测与分割

在完成模型初始化后，ViBE 从第 2 帧起，通过度量每个像素与背景模型的相似程度，判断是否将其分类为背景像素，从而检测和分割出前景目标。

检测第 t 帧的前景目标，即进行像素级相似程度的度量，是通过统计第 $t-1$ 帧的模型采样值 v_i 落在以第 t 帧每个像素值 $v(x)$ 为中心、以 R 为半径的区间 $S_R(v(x))$ 范围内的个数 sum 得到，如图 4.1 和式（4.22）～式（4.24）所示。

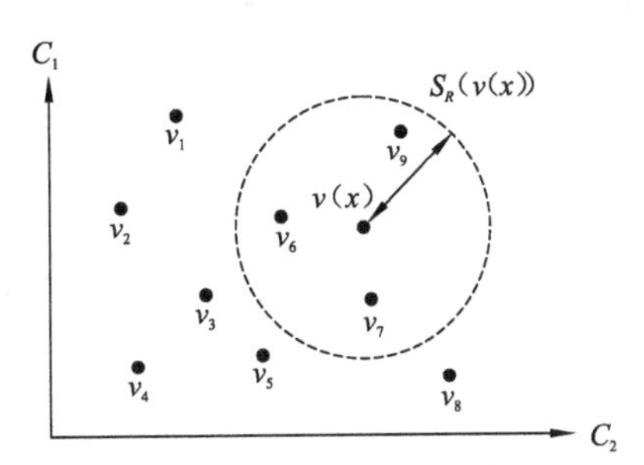

图 4.1　二维空间相似像素统计示意图

$$C(x)=\begin{cases}0, & \text{sum}>\min\\ 1, & \text{其他}\end{cases} \tag{4.22}$$

$$\text{sum}=\#\{S_R(v(x))\cap v_i(x)\} \tag{4.23}$$

$$S_R(v(x))\cap v_i(x)=\begin{cases}1, & \text{当}\operatorname{dist}(v(x),v_i(x))<R\\ 0, & \text{其他}\end{cases} \tag{4.24}$$

式中：$C(x)$ 为像素的分类准则，背景和前景分别用数值 0 和 1 表示；$\operatorname{dist}(\cdot)$ 为中心像素 $v(x)$ 与模型 $M(x)$ 中 N 个采样值之间的欧氏距离。当个数 sum 超过数量的最小阈值 min 时，则将该像素 x 分类为背景。

3）模型的更新维护

由于目标检测任务场景的背景不是一成不变的，需要实时更新模型以适应其快速变化。在设计背景估计方法时需要考虑模型是否包括前景目标像素，由此可将现有的更新方式区分为保守更新和盲更新两种。

ViBE 算法采用了保守更新的方法，即背景模型在更新过程中，仅将判定为背景的像素 x 纳入其中。同时更新引入了随机策略——从第 2 帧起，当某个像素 x 在前景检测中被判定为背景时，由时间抽样因子 φ 随机决定是否更新该像素及其邻域像素的模型。若判定需要更新，则将该像素值 $v(x)$ 随机替换掉模型中的采样值 v_i。

4.1.4 目标建模法

基于前景目标建模的运动目标检测算法，其主要思想是通过对训练样本中的前景目标和背景进行特征表达，建立起目标或背景的表观模型，再利用分类器对样本进行学习，得到场景目标的分类器模型；而后利用分类器对测试样本进行分类（尹宏鹏，2016）。该类方法也称作基于学习的目标检测方法，包括了离线训练和在线检测两个阶段。

目标建模法的核心在于寻找高效准确的特征表达和构造适当的分类器，因此在“特征表达+分类器”的通用框架下可根据具体的应用场景和需求衍生出各种方法组合。例如，在特征表达方面，可通过人工设计出基于梯度、模式、形状或颜色方面的图像特征表达，也可以利用无监督学习的手段让机器自动地挖掘提取隐含在图像数据内部的关系，如限制玻尔兹曼机（Hinton et al.，2006）、自编码机（Hinton et al.，1993）、卷积神经网络（Lecun et al.，1998）等当下热门的深度学习方法。

这类方法由于能够突破应用场景的限制，可对固定和移动摄像机拍摄的视频、单帧静态等多种图像进行目标检测，逐步显现出其优势和潜力而受到研究人员的广泛关注。但在现阶段，该类方法需要提前对目标图像进行样本采集，并选取合适的模型进行学习训练，在学习与检测过程中对图像进行多尺度扫描，导致目标建模的成本较高，检测速度较慢，暂时难以满足系统的实时性需求。

4.2 光学卫星视频动目标检测方法

传统的运动目标检测研究主要依靠地面的监控视频及其他类型的传感器，不利于在较大空间范围的场景下对地面运动目标进行实时连续的观测和分析。光学卫星视频作为针对同一地区的连续时序卫星影像，具有普通光学遥感影像直观易理解的特点，在天气晴朗的条件下图像的信息内容丰富、纹理特征明显，有助于研究较大目标的个体运动特征和较小目标的群体运动特征，成为地面运动目标信息提取应用的有力数据（李想 等，2019）。

面对高分光学卫星视频这样具有海量时空信息的新型遥感影像数据，仅靠人工目视解译判读来获取信息的方式显然会存在效率低、成本高、主观性强、信息获取周期长等诸多弊端。考虑光学卫星视频跟传统的地面监控录像都是连续变化的影像信息，因此可以将目前较为成熟的基于监控视频的运动目标检测通用算法迁移到卫星视频的检测任务当中。

然而，由于卫星视频影像场景的广域性、复杂性及图像传感器的不稳定性，直接套用已有的经典算法并不能获得很好的检测结果，需要根据数据特点和具体场景对原有算法做针对性的调整改进，才能使算法表现出较好的性能。因此，本节梳理光学卫星视频的动目标检测任务特点及检测方法研究进展，并在此基础上提出一套面向光学卫星视频的动目标检测方法。

4.2.1　光学卫星视频动目标检测任务特点

基于光学卫星视频与基于地面监控录像的运动目标检测任务具有较高的相似性，但仍呈现出一些新特点。

（1）光学卫星视频的观测尺度范围更大。相比于观测视角较小（数米至数十米）且位置固定的地面监控，卫星视频的视场角更大，所获取的信息量更多。以分辨率 1 m 的吉林一号视频星为例，其幅宽可达 11 km×4.5 km。另外，卫星视频包含了各种复杂动态的地表场景，这意味着面向卫星视频的动目标检测算法在提取感兴趣目标时要求有较高的鲁棒性和处理效率。

（2）光学卫星视频成像的空间分辨率较低。跟亚米级甚至厘米级分辨率的地面近景摄影机相比，视频卫星分辨率多为米级，尽管这样的地面成像能力已经达到遥感卫星领域中的高分辨率，但地面上较小目标在图像上所能占据的像元仍旧十分稀少，通常呈现为点状或丝状，且往往缺失纹理信息，提高检测难度（张过，2016）。但这反映出了卫星视频动目标检测任务的一个特点，相对于依赖特征学习的目标建模法，以光流法、帧间差分法、背景减除法为代表的基于背景建模的经典检测方法表现出优势和潜力，这些方法在弱特征小目标的运动信息提取中具有较高的灵敏度。

（3）光学卫星视频影像目标与背景较难区分。视频卫星多使用灵敏度较低的 CMOS 传感器，且搭载于飞行高度较大的卫星平台上，导致目标与背景的对比度和信噪比都相对较低（袁益琴 等，2018）。因此，应适当考虑对图像作增强预处理，通过扩大不同物体特征之间的差异，满足前景运动目标提取的需求。

（4）低轨敏捷光学卫星视频影像可能会出现镜头抖动或全局背景移动的情况。地面监控摄影机主要在固定位置进行拍摄；而低轨光学视频卫星则是在沿前进方向飞行的过程中，通过调整传感器的俯仰姿态和观测角度实现凝视成像，摄影载体的不稳定性会导致地面目标所对应的不同帧像素点的像面位置和辐射亮度不一致的现象（王霞 等，2016），导致大量伪运动的误检结果产生。在定位和检测准确度要求较高的检测任务中，这种情况一般要预先对卫星视频进行稳像处理，并依据伪运动产生机理在算法中加入抗噪机制，以提高检测精度。

另外，按照动目标的大小、变形、纹理等因素，光学卫星视频的动目标大致可分为三类：点状动目标、面状刚体动目标、面状非刚体动目标（张过 等，2016）。

（1）点状动目标：像素个数较少（在 1 m 分辨率下，一般在 6×6 个像素以内）、实际不发生变形、内部无或极少纹理的目标，如汽车、小型渔船、快艇等。

（2）面状刚体动目标：像素个数较多（多于 6×6 个像素）、实际不发生变形、内部有少量纹理的目标，如空客、大型游轮、军舰等。

（3）面状非刚体动目标：像素个数较多、实际发生变形的流体目标，如大型人群、烟雾、河流、泥石流、火山熔岩等。

针对不同场景和不同类别目标，对算法流程进行适应性的微调，进一步控制移动背景边缘和残留噪声的干扰产生的误检测，提高低对比度、高动态背景和高噪声情况下的处理效果和效率，是目前卫星视频动目标检测方面应用处理研究的重点。

4.2.2　光学卫星视频动目标检测研究现状

目前的光学卫星视频动目标检测研究大体可以分为两种：一种是将基于背景建模的经典运动目标检测算法（光流法、帧间差分法、背景减除法）进行适应性的调整和改进后，迁移到卫星视频；另一种则是着眼于目标相对背景的视觉显著性，增强两者在卫星视频中的对比度，通过特征提取和样本学习，实现对目标的存在性判别和定位。

在经典视频检测算法迁移研究方面：Kopsiaftis 等最先在 2015 年发表了关于光学卫星视频的动目标检测与运动参数估计研究成果，利用多帧图像均值实现动态背景估计，通过背景减除法和连通域标记对 SkySat-1 卫星 1.1 m 全色波段卫星视频进行车辆检测和交通密度估计；Tao 等（2016）利用 SkySat 卫星视频数据，首先通过背景减除法和匈牙利分配法提取车辆轨迹热力图，然后对每一帧的局部显著性进行动目标提取，最后利用由热力图分割的道路对运动目标的出现位置进行约束，从而提高了运动车辆检测的准确性；于渊博（2017）采用基于混合高斯模型的背景减除法，在吉林一号卫星视频的车辆动目标检测中取得了较高的准确率 83.6%，并将算法移植到多核数字信号处理（digital signal processing，DSP），提高了多目标动态监测的实时性；卜丽静等（2017）融合帧间差分和背景减除两种方法，提取了吉林一号卫星视频中的车辆检测结果，并估计了道路缓冲区中的交通密度值和车辆速度；罗亦乐等（2018）则利用 Shi-Tomasi 角点检测方法在 UrtheCast 公司的 Iris 传感器 1 m 卫星视频实现车辆检测和车辆计数，并在检测结果的基础上通过 L-K 光流法提取了道路双向车辆的平均车速；吴佳奇等（2019）针对卫星视频运动检测存在局部伪运动虚警问题，在 ViBE 算法的框架下提出一种决策树支持的局部有差别更新背景减除法，并通过 SkySat 和吉林一号视频数据验证了改进算法检测率的提高；付宏博（2019）着眼于卫星视频车辆目标模糊的问题，在分析运动车辆在卫星视频上的外形及运动特征的基础上，结合目标特征提出了融合 SVM 分类的改进 ViBE 算法，并将检测跟踪算法嵌入星载视频处理原型机架构，多核并行的平均处理速度达到 35 ms/帧，初步验证了算法在轨处理的实时性和可靠性。

在基于目标表观建模的检测算法研究方面，张学阳（2017）针对空间弱点目标和地面运动目标，分别提出了基于运动信息的目标检测算法，融合改进高斯混合模型候选区生成法和深度卷积神经网络的小尺度动目标检测算法，并利用天拓二号视频数据验证了算法的有效性。Zhang 等（2019a）针对光学卫星视频空间分辨率较低、目标与背景对比度较差等特点，提出了一种基于扩展型低秩和结构化稀疏分解的动目标检测算法（extended low-rank and structured sparse decomposition，E-LSD），并在 SkySat 全色视频上验证了算法在检测精度上的提高；另外，他还提出了一种改进的区域建议方法，通过粗尺度分割、局部显著性和直方图混合模型在语义区域中搜索运动目标的可能位置，并结合快速基于区域的卷积神经网络（fast region-convolutional neural networks，Fast R-CNN）模型，提高了检测结果的召回率和准确性（Zhang，2019b）。Li 等（2019a）考虑卫星视频上的船舶体积较小、缺少纹理且容易受海浪干扰，基于视觉显著性方法频谱残差模型（spectral residual，SR）提出了一种动态多尺度显著图检测方法，提高移动船舶提取的准确性和完整度。Li 等（2019b）针对卫星视频中目标弱小且模糊的问题，提出一种运动驱动的融合网络结构，将差分图的位置信息和原始图的特征信息进行融合学习，并对 R-CNN 中锚点框的大小进行调整，提高了卫星视频弱运动目标的检测精度。

可以发现，无论是基于背景建模还是基于目标表观建模的检测算法研究，目前其焦点都主要集中在针对卫星视频图像质量较低情况下动目标检测准确率的提升，而针对大幅宽及复杂场景的卫星视频快速处理算法研究相对较少。随着未来遥感实时智能服务的需求不断增加，面向星上处理的高性能动目标检测算法将会成为卫星视频处理应用研究的重点。

4.2.3　基于 ViBE 算法的面向光学卫星视频动目标检测方法

综合比较经典视频动目标检测方法，可以发现，光流法准确度高但实时性差，帧间差分法计算量小但准确度低，基于前景目标建模方法偏重于特征信息明显的目标提取且前期采样的工作量较大，而背景减除法则在准确性和实时性之间取得平衡，其中，视觉背景提取器 ViBE 算法作为背景减除法的代表，具有计算简单、全自动化等优点，能相对完整准确地提取出运动目标信息，适用于凝视成像、背景稳定的卫星视频中运动目标信息的高效提取，满足地面运动目标检测任务的时效性要求，且能较好地适应不同大小尺寸和图像特征稀少的目标信息提取。因此，本小节提出一套基于 ViBE 算法框架的面向光学卫星视频的运动目标检测方法。

1. 背景模型初始化

在视频处理中，场景分为前景和背景，运动像素的检测实际上是判断每个像素是属于背景或是前景的过程，因此准确的背景模型建立显得尤为重要。许多经典算法利用前 N 帧建立背景模型，通过视频前后帧关联信息数理统计和序列上下文分析可以建立准确的背景模型，然而光学卫星视频的持续时间较短，一般在 2 min 甚至几十秒以内，采用多帧影像建模的方法容易导致较大的信息损失；此外，运动区域的模型采样是前景和背景的混合，一些小尺寸目标很有可能被归类为背景，导致检测率降低。

本小节采用 ViBE 算法的背景模型思想，只利用第一帧即可完成建模。ViBE 采用单帧像素级的随机邻域采样建模方式，对于每个像素，从该位置及其八邻域中随机选取 N 个像素作为该点的背景采样值，建立背景模型，模型记为：$M(x)=\{v_1, v_2, \cdots, v_n\}$，其中 v 表示背景采样像素。这种随机采样模式，确保每一个样本像素都有同等的随机概率被选中，使得构造出的背景模型客观真实可靠，避免主观因素干扰。同时，由于背景模型只保存八邻域的像素采样，可以保证小尺寸目标的正常检测，又能够抵抗背景晃动引起的误检测。

背景模型建立以后，可通过影像帧与背景模型比对提取运动目标像素，比对方法为：针对每一个像素，比较该像素与其对应背景模型中样本像素的相似度，如果满足指定相似度的像素个数大于某个阈值，则判断该像素为背景像素，否则为运动像素。该判断过程可以通过数学上二维空间的欧氏距离加以说明。如式（4.25）所示，$v(x)$ 为待判断像素，$S_R(v(x))$ 表示以 $v(x)$ 为中心，以 R 为半径的欧氏距离空间，$\{v_1, v_2, \cdots, v_n\}$表示背景模型的样本像素。如果 $S_R(v(x))$ 与 $\{v_1, v_2, \cdots, v_n\}$交集的个数大于等于 T，则认为 $v(x)$ 为背景像素，灰度记为 0；否则为前景像素，灰度记为 255。用公式表示为

$$\begin{cases} \text{Num} = S_R(v(x)) \cap \{v_1, v_2, \cdots, v_n\} \\ \text{Num} \geqslant T \end{cases} \tag{4.25}$$

在判断时，采用像素间的灰度差表示欧氏距离。当所有运动像素检测完成之后，可以得到前景和背景的二值图影像，在此基础上进行连通域分析和提取，将每个连通域视作一个候选目标，完成运动目标分割。

2. 自适应前景目标分割

真实场景中往往会出现一些闪烁要素诸如水面波纹、树叶摇曳等，此外相机

抖动亦会产生间歇细微的运动像素，显然这些会给提取的目标信息引入噪声。

判决阈值 R 是衡量像素与背景相似程度、分割前景目标的参考值。ViBE 所采用的固定值并不能很好地适应动态背景下的目标检测任务，因此本小节将自适应策略引入算法当中（陈星明，2015），根据任务场景的动态程度来调整判决阈值 R 的大小，提高前景分割的鲁棒性。当任务场景处于高度动态变化和较为复杂的情况时，判决阈值 R 会相应地自动提高，将噪声像素吸收到背景中，降低对前景运动目标的干扰；当场景处于相对稳定的状态时，阈值 R 则会相应地自动降低，提取出前景运动目标的细节。

要实现这一策略，需寻找定量指标来表征任务场景整体的动态程度。首先计算得到当前帧各像素与模型采样值的最小欧氏距离的集合 $D(x)$，用于衡量各像素与背景之间的差异，见式（4.26）。然后用求取一帧当中 $D(x_i)$的平均值 $d_{\min}(x)$ 的方式得到该帧的背景动态程度，见式（4.27）。

$$D(x_i)=\min\{\text{dist}(v(x_i),v_i(x_i))\mid v_i(x_i)\in M(x_i)\} \tag{4.26}$$

$$d_{\min}(x)=\frac{1}{L}\sum_{L}^{i}D(x_i) \tag{4.27}$$

式中：$M(x_i)$为背景模型。

通过引入式（4.28），本小节方法能够根据场景动态度 $d_{\min}(x)$自适应地调整判决阈值 $R(x)$。

$$R(x)=\begin{cases}R(x)\cdot(1-\alpha_{\text{dec}}), & \text{当}R(x)>d_{\min}(x)\cdot\xi\\ R(x)\cdot(1+\alpha_{\text{inc}}), & \text{其他}\end{cases} \tag{4.28}$$

式中：参数 α_{dec} 和 α_{inc} 分别为增加和减少方向的学习率；参数 ξ 为尺度因子。当静态场景的 $d_{\min}(x)$ 趋于稳定时，可知判决阈值 $R(x)$也会逐渐趋向于 $d_{\min}(x)\cdot\xi$ 并在其值附近保持稳定；当动态场景的 $d_{\min}(x)$ 较大时，会使判决阈值 $R(x)$逐渐增加，从而削弱噪声的影响。

3. 视差及鬼影伪运动消除

卫星在轨运行的同时进行视频拍摄，期间伴随着相机姿态调整，所获取的视频场景是时刻运动变化的，相邻帧之间差异较大且相对关系复杂。在运动补偿后，仍残留较多的高程视差导致的局部“伪运动”。此外，在背景模型初始化时，运动目标像素也包含在背景模型采样中，因此在运动目标移动后，在其初始位置会生成“鬼影”像素，这是一种特殊的局部“伪运动”。由于卫星视频一般持续时间短，且包含目标较多，“鬼影”的影响程度会高于地面或低空视频。这些局部“伪运动”在图像序列中有明显的变化或位移，容易产生虚警。

考虑卫星视频中的局部“伪运动”问题，对 ViBE 模型进行改进。在模型中

加入更新因子 a，表示背景的更新频率。背景模型修正为

$$M(x)=\{v_1,v_2,\cdots,v_n,a\} \tag{4.29}$$

在分割出的候选目标中主要包含两部分：真实运动的目标及视差和“鬼影”产生的“伪运动”目标。“伪运动”判断是针对可能的局部视差“伪运动”目标和“鬼影”目标的判断。

首先，根据视差“伪运动”的三个特点，对所有候选目标做进一步的处理，分离出可能的局部“伪运动”目标。判断条件如下。

（1）通过连通域节点坐标，可以提取该连通域的最小外接矩形，并计算矩形的长宽比 ratio，若 ratio>3.5，则该目标可能为“伪运动”。

（2）在候选目标邻域进行边缘提取，判断边缘线（无须闭合）与目标轮廓线是否相交，如果相交，则该目标可能为“伪运动”。

将可能的“伪运动”目标外接矩形外扩 1 个像素，同时向运动模型平移向量方向外扩 10 个像素得到更新因子矩形 $\boldsymbol{A}$。如图 4.2 所示，某一帧的检测结果，红色实线框表示其中一个目标的最小外接矩形，根据判断，该目标很有可能为“伪运动”目标。绿色虚线框为外扩的更新因子矩形 $\boldsymbol{A}$。其中，10 个像素主要是考虑目标运动方向的变化；值得说明的是，视频卫星轨道一般为太阳同步轨道，因此平移向量方向一般朝上。

然后，针对“鬼影”目标的判断。由于在背景建模时，运动目标的初始位置将目标作为背景像素进行采样，在目标运动离开初始位置后，该位置的真实背景像素就会被判断为目标像素。如图 4.3 所示，是飞机目标的检测结果。在目标初始位置出现了飞机的重影，即“鬼影”。根据“鬼影”目标的特点，判断方法为：在某一位置第一次出现运动目标时，记录该位置，若该运动目标在连续 10 帧静止不动，则认为是可能的“鬼影”目标。

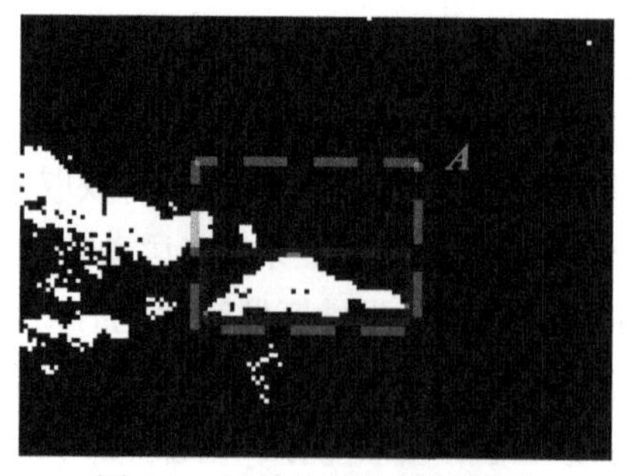

图 4.2　视差目标的更新矩形

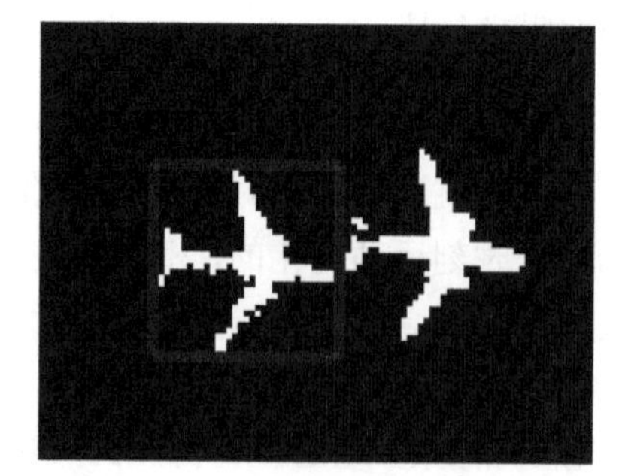

图 4.3　“鬼影”目标更新矩形

运动目标和“伪运动”目标所在区域及邻域会产生变化。为了适应场景的动态变化、降低误检率，在运动目标分割和“伪运动”判断后，需要对背景模型进

行自适应更新。更新的策略为：每个像素背景模型中都包含一个更新因子 a。针对每个被检测为背景的像素，从 1 到 a 的自然数中，随机选取 1 个数 s。若 $s=1$，则从该像素的背景模型中随机选出一个样本，用该像素替换之。因此，每个像素背景模型的更新频率约为 $1/a$，更新时每个背景模型样本被替换的概率约为 $1/N$。公式表示为

$$\begin{cases} \text{Random}(v_1, v_2, \cdots, v_N) = v(x), & \text{当} s = 1 \\ s = \text{Random}(1, a) \end{cases} \tag{4.30}$$

按照上述方法处理后，局部"伪运动"区域时时更新，其他区域根据概率更新，得到的背景模型能够更加准确地描述当前时刻场景，可以适应局部"伪运动"变化，在不降低检测率的前提下，可以有效降低"伪运动"的误检测，有效提高检测精度。

实验中，更新因子 a 设定方法为

$$\begin{cases} a = 1, & \text{当} a \in \boldsymbol{A}, \text{Num(obj)} > 20 \\ a = 5, & \text{当} a \in \boldsymbol{A}, 3 < \text{Num(obj)} \leqslant 20 \\ a = 1, & \text{当Num(obj)} \leqslant 3 \\ a = 1, & \text{当obj} = \text{Chost} \\ a = 10, & \text{其他} \end{cases} \tag{4.31}$$

式中：Num(*)表示目标所包含的像素个数，如果像素数小于等于 3，则直接将该候选目标归为背景，同时进行该目标区域背景更新；Ghost 即为"鬼影"，在确定为"鬼影"区域后，按照 $a=1$ 进行"鬼影"区域像素的背景更新，在 20 帧之后，更新基本完成，令 $a=10$。

4. 运动目标检测算法效率优化

另外，由于卫星视频宽幅大、像素数量多，需要对经典运动目标检测算法效率进行优化。这里主要对随机数因子模型进行改进，并利用并行分块策略提高检测效率。

1）引入随机数因子的模型改进

在背景建模和运动像素分割的过程中，每个像素的处理都需要多次使用随机生成数。其中背景模型初始化部分有 2 次，像素分割部分有 8 次。根据算法需求，模型中的样本要有等同的概率被随机选中，需要满足两个条件：生成的随机数序列尽可能服从均匀分布；出现相同序列的概率非常低。尤其在并行处理时，为避免线程间的互干扰，保证样本选取的客观随机性，各个线程间的随机数序列应相互独立且不同。因此，对背景模型进一步改进，引入随机数因子，背景模型修正为

$$M(x)=\{v_1,v_2,\cdots,v_n,a,r\} \tag{4.32}$$

随机生成数方法中，线性同余法（linear congruential generator，LCG）实现简单、速度快、随机数质量高，是一种常用的方法，例如C++标准库中的rand函数就是以LCG的思想实现随机数生成。LCG的基本函数为

$$X(n+1)=(b\cdot X(n)+c)\%m \tag{4.33}$$

式中：b、c、m为系数，关系到随机数的产生质量，本书中按照微软VC++编译器的取值为：b=214013，c=2531011，m=2147483648；%表示取余；$X(n)$即为生成的随机数序列，是根据上一个随机数迭代生成。所以产生不同随机数序列的前提条件是需要一个真随机种子 $X(0)$，同时考虑线程间的互异性，利用当前时间戳t和图形处理单元（GPU）并行线程的总索引号i的线性组合建立每个线程的真随机种子，方法为

$$X(0)=b\cdot i+t \tag{4.34}$$

式中：t保证种子的真随机性；$b\cdot i$保证种子的线程间较大互异性。

2）并行分块策略

从硬件的角度来讲，GPU加速的最理想状态是一直保持尽可能高的硬件使用率，即在硬件条件限制下，同一时间内并发执行的线程数越多越好，这样在理论上可以获取很高的收益。在GPU处理中，线程束是基本的执行单元，每个线程束最多包含32个线程。在2.0计算能力设备下，一次调度能处理48个线程束，即最多1536个线程。因此当每个线程块中的线程数至少达到192时，计算核心流多处理器（streaming multiprocessor，SM）能被充分利用。此时每个SM能容纳8个线程块，达到容纳块数的上限，那么总线程数为192×8=1536。

以吉林一号视频影像为例，影像大小为4000×3000，在并行处理中，设定线程块的总数量为（4000×3000）/192是一种很好的策略。为使得并行计算设计更加方便，利用这些线程块（block）对影像均匀分块，将线程块设计成二维，并且其中行或列个数最好是8的倍数，因此设定二维block为4096×16。这样block的列数正好与影像相同，既便于线程总索引与影像（一维）像素索引的一一对应，又能保证GPU得到充分利用。而每个线程块中的192个线程按照列向量设定即可。分块的策略如图4.4所示。其中$B(x, y)$表示分块布局后，第x行第y列的线程块，每个线程块是192维列向量。

按照上述布局，此时影像像素所对应的总索引号i为

$$i=(\text{block}X+\text{block}Y\times 4\,096)\times 192+\text{thread}X \tag{4.35}$$

式中：block X、block$Y$ 分别为线程块的列、行索引号；thread X 为线程索引号，三者皆为内置变量，可直接读取。将二维像素索引转换成一维的好处是便于在GPU中申请内存和运算。与之对应的，中央处理器（CPU）中三维背景模型的样

本索引 k_C 转换为 GPU 中一维背景模型的样本索引 k_G 的对应关系为

$$k_G = i \times (N+2) + k_C \tag{4.36}$$

式中：N 为样本个数。

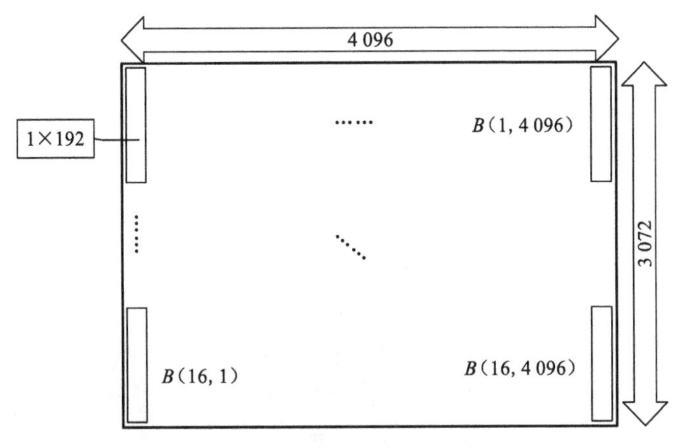

图 4.4　分块策略示意图

5. 精度评价方法

传统的目标检测任务常常使用查准率（P）、查全率（R）和统计学中的 F1 分数来定量评估检测结果的精度，见式（4.37）～式（4.39）。其中：查准率（P）是指预测为正样本的实例中，实际为正样本的实例所占的比例；查全率（R）反映实际为正样本的实例中，被预测为正样本的实例所占的比例；F1 分数则定义为 P 和 R 的调和平均值，是综合了查准率和查全率的评价指标，从整体上反映前景运动目标的检测精度。

$$P = \frac{\text{TP}}{\text{TP}+\text{FP}} \tag{4.37}$$

$$R = \frac{\text{TP}}{\text{TP}+\text{FN}} \tag{4.38}$$

$$\text{F1} = \frac{2PR}{P+R} \tag{4.39}$$

式中：TP 表示预测为正样本且实际为正样本的实例个数；FP 表示预测为正样本但实际为负样本的实例个数；FN 表示预测为负样本但实际为正样本的实例个数。本小节以对象级目标作为数量统计单元，对检测得到的二值化图像进行八邻域范围的连通域标记，所得到的每个独立的连通域都视为当前图像上的其中一个检测目标，以此为计算单元来得到整景图像的查准率（P）、查全率（R）和 F1 分数。

4.3 实验结果与分析

4.3.1 视差伪运动消除

为了验证本章算法对于视差伪运动消除的有效性，实验采用 SkySat 卫星拍摄的某露天矿区的作业监控视频。露天矿中含有大量的由阶梯状矿岩层组成的边坡，不同层的边坡之间高程差较大，在全局运动补偿后仍有严重的视差残留，在边坡边缘有明显的视差局部“伪运动”，检测结果如图 4.5 所示。

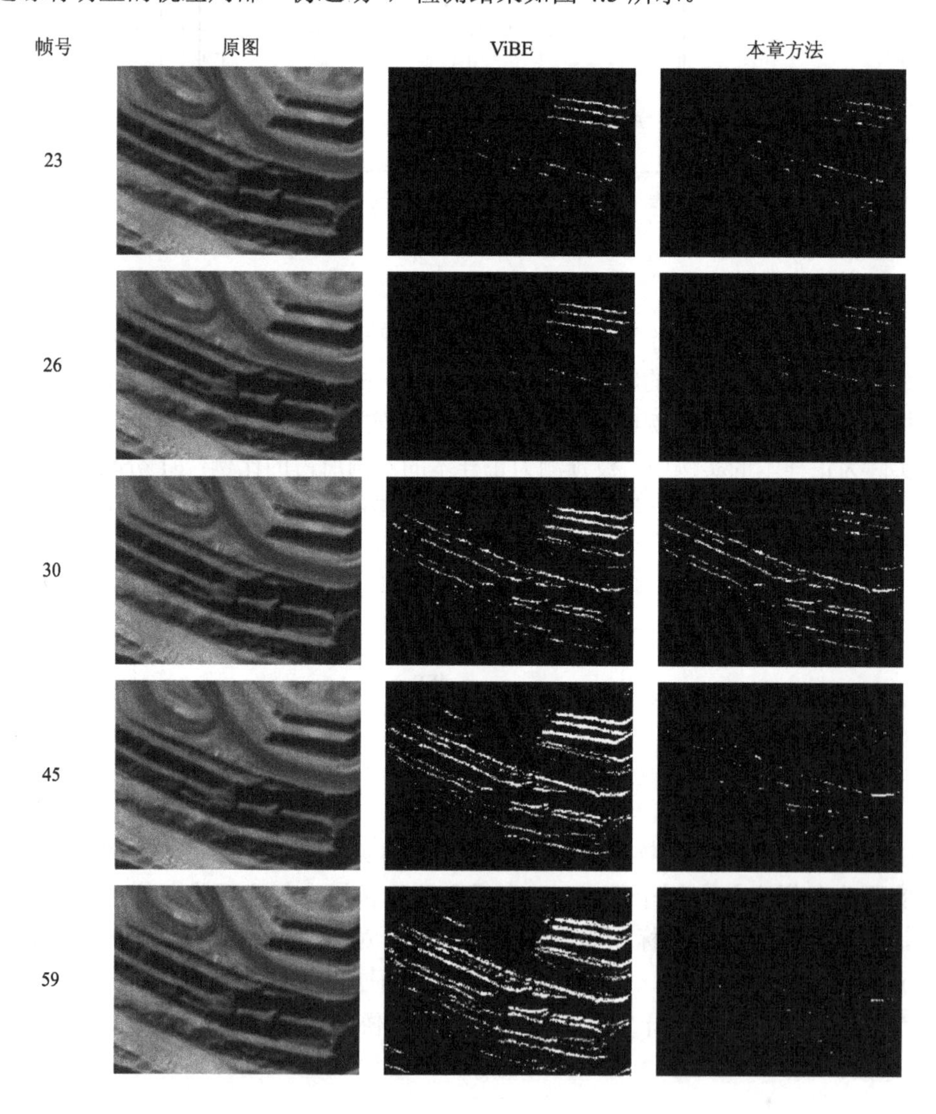

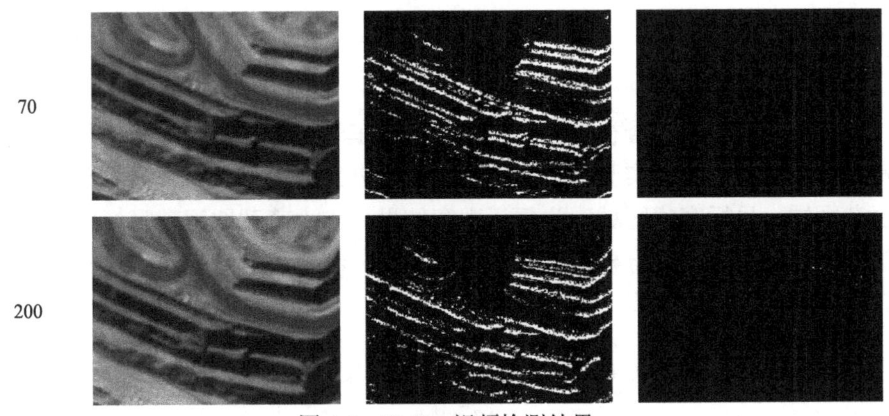

图 4.5　SkySat 视频检测结果

在视频的前 20 帧，不同层次的边坡相对于初始位置的视差较小，并未检测出“伪运动”；在第 23 帧左右开始有明显的视差伪运动，经典方法 ViBE 的背景模型无法适应明显的视差伪运动，在边坡区域出现了较多的误检测。而本章提出的方法开始针对边坡区域的背景进行局部更新处理，第 26 帧时已经有明显的误检测去除效果。在第 30 帧时，截图中部的高程略低的边坡区域开始出现明显的视差伪运动，经典方法不可避免地出现了误检测，而本章提出的方法做了针对性的处理，在第 45 帧时已经有明显的效果。随着局部不断更新，到第 59 帧左右已经几乎完全消除视差误检测。在后面的检测中，本章提出方法的局部模型更新一直适应背景的动态变化，视差误检测屏蔽效果良好，针对误检测消除率优于 99%。

对经典 CPU 算法和提出的 CPU 和 GPU 协同的并行检测算法的耗时进行对比，采用两段视频数据，每一帧的尺寸分别为 4 000×3 000 和 1 280×720。对比结果如表 4.1 所示。实验计算机的配置为：CPU I7 4510u 2.0 GHz，显卡 Nvidia GF GT 720M，GPU 计算能力 2.1、2 个 SM，时钟频率为 738 MHz。从对比结果可以看出，影像数据量越大，越能够发挥 GPU 的多核心处理优势，加速的效果越好。

表 4.1　耗时对比

项目	4 000×3 000			1 280×720		
	经典方法/s	本章提出方法/s	加速比	经典方法/s	本章提出方法/s	加速比
背景建模	23.023	0.934	24.65	1.686	0.195	8.646
检测更新	2.783	0.321	8.67	0.204	0.037	5.51

4.3.2　陆地运动车辆检测

本小节利用吉林一号视频数据对陆地运动车辆进行检测。道路上行驶着若干数量尺寸较小的汽车。实验视频一共有三段，分别对应目标与背景对比度低、地物复杂区域、目标密集区域。为便于观察结果，本小节截取运动目标较集中的感兴趣区域，其中目标由方框进行标注，并得到三组数据的陆地动目标检测情况的定量结果，如表 4.2 所示。

表 4.2　陆地运动车辆三组实验检测结果

实验序号	目标数	综合查准率/%	综合查全率/%	综合 F1 值/%
1	41	57.40	85.30	68.62
2	91	67.30	90.10	77.05
3	105	90.90	85.70	88.22

图 4.6 为目标与背景对比度低的情况下的实验结果。图像辐射质量较差，目标较为模糊，大多数运动车辆虽然能检测出来（综合查全率为 85.30%），但检测结果出现了一些不在道路上的噪点像素，降低了检测精度（综合查准率为 57.40%），综合 F1 值为 68.62%。

图 4.6　目标与背景对比度低的情况

图 4.7 为某市中心的繁华区域，地物较为丰富，空间结构复杂，道路交通繁忙，存在多种车辆运动模式。视频影像的几何辐射质量较好，轮廓特征清晰，基于背景建模的动目标检测算法能够准确地提取出绝大多数运动车辆，查全率达到 90.1%，影像上建筑物区域几乎没有出现视差伪运动的问题，综合查准率和综合 F1 值分别为 67.30%和 77.05%。

图 4.7　地物复杂区域

图 4.8 为存在大量运动目标的实验区域。由于影像中运动目标与背景的对比度较高，能够很容易地检测出地面运动车辆，具有较高的综合查全率 85.70%、查准率 90.90%和 F1 值 88.22%。

图 4.8　目标密集区域

4.3.3 海面移动舰船检测

本小节利用吉林一号和珠海一号视频数据对海面移动舰船进行检测，其中吉林一号分辨率为 1 m，珠海一号为 2 m。海面上存在若干数量尺寸较小的移动舰船，可通过其长条形的白色尾迹目视辨认出来。实验视频一共有三段，分别对应平静海面、动态海面和薄雾场景下的检测效果。为便于观察检测序列，本小节截取运动目标较集中的感兴趣区域，以二值图的形式呈现检测结果，白色表示移动舰船，黑色为海面背景，并得到三组数据的海面动目标检测情况的定量结果，如表 4.3 所示。

表 4.3 海面移动舰船 3 组实验检测结果

实验序号	目标数	综合查准率/%	综合查全率/%	综合 F1 值/%
1	4	72.00	100.00	83.72
2	1	89.29	100.00	94.34
3	2	91.67	85.70	88.58

第 1 组实验采用帧频为 20 帧/s 的吉林一号视频。视频中共有 4 艘船只，其中影像下方的两艘船只移动速度较快，上方两艘船只运动保持匀速。海面总体比较平静，除船只外没有其他的背景动态要素。算法在构建背景模型后得到的检测结果如图 4.9 所示。由实验结果表明，在平静海面的情况下，ViBE 算法和本章方法的检测结果差异较小。使用本章方法得到的海上舰船目标结果，其检测率为 100%；在前 150 帧查准率为 66.67%，后 100 帧查准率为 80.00%，综合查准率达到 72.00%，综合 F1 值为 83.72%。

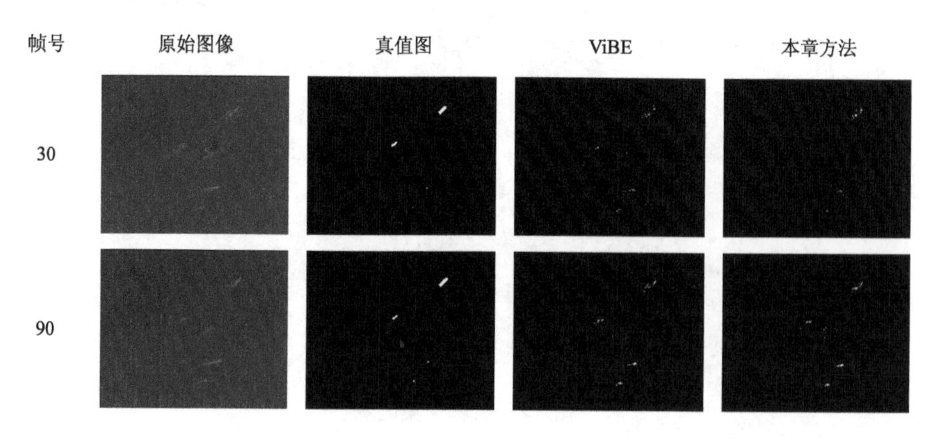

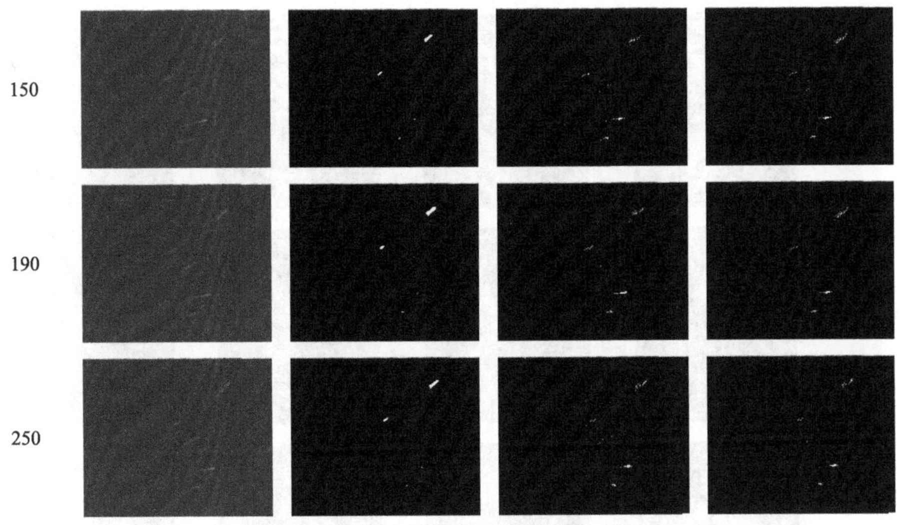

图 4.9　平静海面下移动舰船检测结果

第 2 组实验采用帧频为 20 帧/s 的吉林一号视频，海面上存在光照变化和海面杂波所带来的动态背景噪声。实验中有 1 艘船只自西北向东南行驶，保持匀速运动。算法在构建背景模型后得到的检测结果如图 4.10 所示。由实验结果表明，在海面具有动态背景噪声的情况下，本章方法采用自适应分割的策略能有效减少虚警目标，综合查全率为 100%，在前 40 帧查准率为 25%，后 240 帧查准率为 100%，综合查准率为 89.29%，综合 F1 值为 94.34%。

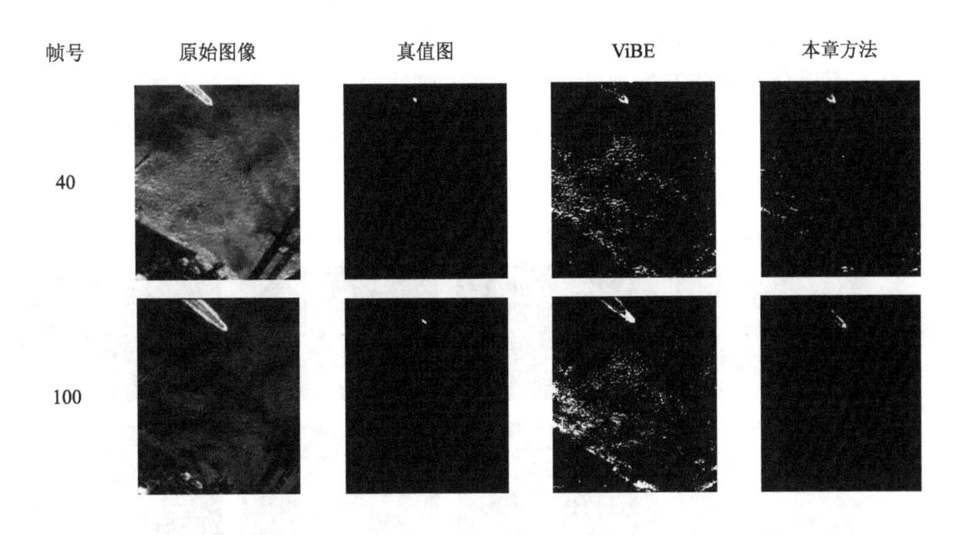

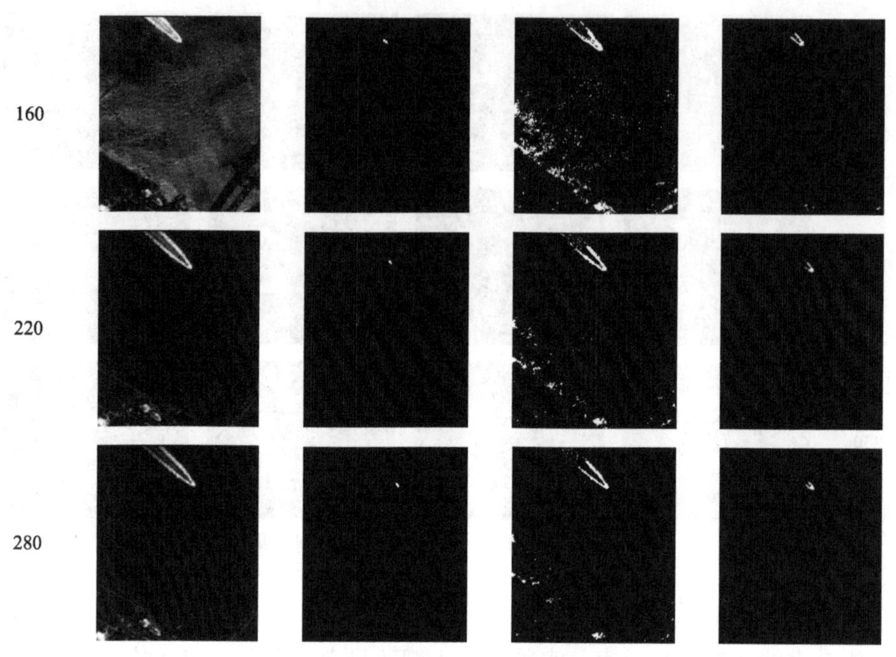

图 4.10　动态海面下移动舰船检测结果

第 3 组实验采用帧频为 10 帧/s 的珠海一号视频，海面上空存在流动的薄雾。视频中有 2 艘移动速度较快的船只。算法在构建背景模型后得到的检测结果如图 4.11 所示。从第 5 帧开始可检测到 2 艘船只，算法对于微小舰船运动目标的响应较小，查全率为 50%。从第 13 帧云雾自南向北移动，在 ViBE 检测结果中产生较多的伪运动像素；而本章方法的检测结果仅有少量的误检像素，查准率为 66.67%，而后分割阈值开始自适应地提高，算法对于漂浮云雾进行响应，快速削减了云雾造成的误检像素，综合查全率和查准率分别为 85.70%和 91.67%，综合 F1 值为 88.58%。

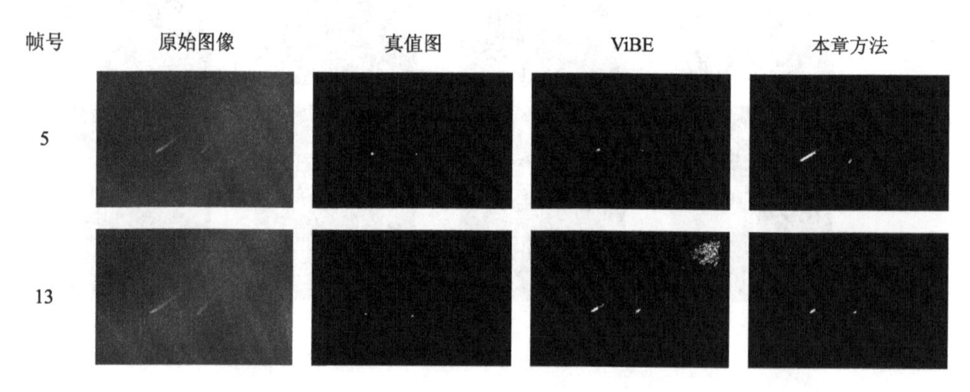

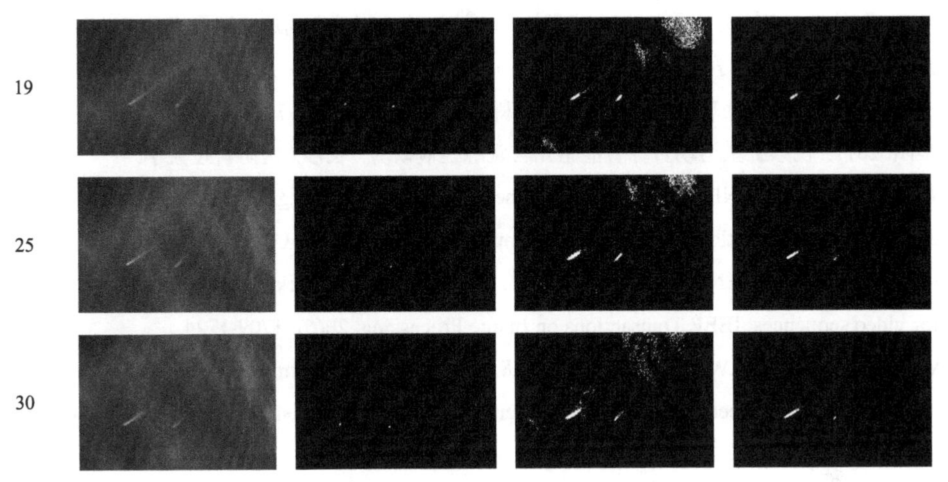

图 4.11　薄雾场景下移动舰船检测结果

参 考 文 献

陈超, 2011. 运动目标检测算法及其应用研究. 武汉: 武汉理工大学.

陈星明, 2015. 基于背景建模的运动目标监控视频检测算法. 南京: 南京大学.

冯尧文, 2011. 基于帧间差分的运动目标稳健检测方法. 哈尔滨: 哈尔滨工业大学.

付宏博, 2019. 星载视频动态车辆实时检测与跟踪方法研究. 武汉: 武汉大学.

胡敬舒, 2013. 基于帧间差分的运动目标检测. 哈尔滨: 哈尔滨工程大学.

李想, 杨灿坤, 周春平, 等, 2019. 高分辨率光学卫星图像目标运动信息提取研究综述. 国土资源遥感, 31(3): 1-9.

罗亦乐, 2018. 基于卫星视频的交通流参数提取研究. 北京: 北京交通大学.

罗亦乐, 梁艳平, 王妍, 2018. 基于光流法的卫星视频交通流参数提取研究. 计算机工程与应用, 54(10): 204-207, 255.

卜丽静, 孟进军, 张正鹏, 2017. 吉林一号视频星数据在车辆检测中的可行性. 遥感信息, 32(3): 98-103.

王霞, 张过, 沈欣, 等, 2016. 顾及像面畸变的卫星视频稳像. 测绘学报, 45(2): 194-198.

吴佳奇, 蒋永华, 沈欣, 等, 2019. 决策树弱分类支持的卫星视频运动检测. 武汉大学学报(信息科学版), 44(8): 1182-1190.

尹宏鹏, 陈波, 柴毅, 等, 2016. 基于视觉的目标检测与跟踪综述. 自动化学报, 42(10): 1466-1489.

于渊博, 2017. 基于多核 DSP 卫星视频多目标实时动态检测跟踪技术. 长春: 中国科学院长春光学精密机械与物理研究所.

袁益琴, 何国金, 王桂周, 等, 2018. 背景差分与帧间差分相融合的遥感卫星视频运动车辆检测方法. 中国科学院大学学报, 35(1): 50-58.

张过, 2016. 卫星视频处理与应用进展. 应用科学学报, 34(4): 361-370.

张学阳, 2017. 视频卫星运动目标智能感知与跟踪控制研究. 长沙: 国防科技大学.

ANDREWS S, ANTOINE V, 2014. A comprehensive review of background subtraction algorithms evaluated with synthetic and real videos. Computer Vision & Image Understanding, 122: 4-21.

BARNICH O, DROOGENBROECK M V, 2011. ViBe: A universal background subtraction algorithm for video sequences. IEEE Transactions on Image Processing, 20(6): 1709-1724.

HARITAOGLU I, HARWOOD D, DAVIS L S, 1998. W4: A real time system for detecting and tracking people. Proceedings of 3th IEEE International Conference on Automatic Face and Gesture Recognition: 222-227.

HINTON G E, ZEMEL R S, 1993. Autoencoders, minimum description length and helmholtz free energy. Advances in Neural Information Processing Systems: 6.

HINTON G E, OSINDERO S, TEH Y W, 2006. A fast learning algorithm for deep belief nets. Neural Computation, 18(7): 1527-1554.

HOFMANN M, TIEFENBACHER P, RIGOLL G, 2012. Background segmentation with feedback: The pixel-based adaptive segmenter//Computer Vision & Pattern Recognition Workshops. IEEE: 38-43.

HORN B K P, SCHUNCK B G, 1980. Determining optical flow. Artificial Intelligence, 17(1-3): 185-203.

KOLLER D, WEBER J, HUANG T, et al., 1994. Towards robust automatic traffic scene analysis in real-time//Proceedings of 12th International Conference on Pattern Recognition. IEEE, 1: 126-131.

KOPSIAFTIS G, KARANTZALOS K, 2015. Vehicle detection and traffic density monitoring from very high resolution satellite video data//Geoscience & Remote Sensing Symposium. IEEE: 1881-1884.

LECUN Y, BOTTOU L, 1998. Gradient-based learning applied to document recognition. Proceedings of the IEEE, 86(11): 2278-2324.

LI Y, JIAN L, TANG X, et al., 2019b, Weak moving object detection in optical remote sensing video with motion-drive fusion network. IGARSS 2019 - 2019 IEEE International Geoscience and Remote Sensing Symposium, Yokohama, Japan: 5476-5479.

LI H C, CHEN L, LI F, et al., 2019a. Ship detection and tracking method for satellite video based on multiscale saliency and surrounding contrast analysis. J. Appl. Remote Sens., 13(2): 026511.

LUCAS B D, KANADE T, 1981. An iterative image registration technique with an application to stereo vision (DARPA). Proc. Ijcai, 81(3): 674-679.

MADDALENA L, PETROSINO A, 2008. A self-organizing approach to background subtraction for visual surveillance applications. IEEE Transactions on Image Processing, 17(7): 1168-1177.

MECH R, 1997. A noise robust method for segmentation of moving objects in video sequence. IEEE International Conference on Acoustics, Speech, and Signal Processing: 595335.

STAUFFER C, GRIMSON W E L, 1999. Adaptive background mixture models for real-time tracking// Proceedings of 1999 IEEE Computer Society Conference on Computer Vision and Pattern Recognition (Cat. No PR00149). IEEE, 2: 246-252.

STAUFFER C, GRIMSON W E L, 2000. Learning patterns of activity using real-time tracking. IEEE Trans. Pattern Anal. Mach. Intell. 22(8): 747-757.

WENG M, HUANG G, DA X, 2010. A new interframe difference algorithm for moving target detection// International Congress on Image & Signal Processing. IEEE: 285-289.

WREN C R, AZARBAYEJANI A, DARRELL T, et al., 1997. Pfinder: Real-time tracking of the human body. IEEE Transactions on Pattern Analysis and Machine Intelligence, 19(7): 780-785.

WU Y M,YE X Q, GU W K, 2002. A shadow handler in traffic monitoring system // Vehicular Technology Conference, 2002. VTC Spring 2002. IEEE 55th. IEEE: 1: 303-307.

YANG T, WANG X W, YAO B W, et al., 2016. Small moving vehicle detection in a satellite video of an urban area. Sensors, 16(9): 1528.

ZHANG J, JIA X, HU J, 2019a. Error bounded foreground and background modeling for moving object detection in satellite videos. IEEE Transactions on Geoence and Remote Sensing, 58(4): 2659-2669.

ZHANG J, JIA X, HU J, 2019b. Local region proposing for frame-based vehicle detection in satellite videos. Remote Sensing, 11: 2372.

第5章　光学卫星视频动目标跟踪

视觉跟踪（visual tracking）问题是计算机视觉领域中的一个重要问题。所谓视觉跟踪，就是指对图像序列中的运动目标进行检测，提取、识别和跟踪，获得运动目标的运动参数，如位置、速度、加速度等，以及运动轨迹，从而进行进一步处理与分析，实现对运动目标的行为理解，以完成更高一级的任务（侯志强 等，2006）。在第 4 章中重点分析了光学卫星视频中如何对运动目标进行检测，即在视频帧序列中发现运动目标。本章则重点关注目标跟踪相关方法研究。首先，对经典视频动目标跟踪方法进行介绍，并根据光学卫星视频的特点提出光学卫星视频动目标跟踪所需要改进的处理方法。在此基础上，进一步研究光学卫星视频动目标状态估计方法。利用吉林一号、珠海一号和 SkySat 等光学卫星视频数据进行实验验证。本章内容将适用于目前各类高分辨率光学卫星视频动目标的运动状态估计。

5.1　经典视频动目标跟踪原理

5.1.1　目标跟踪方法框架

目前，目标跟踪研究属于研究热点，研究内容涉及计算机视觉与人工智能方面，各类行业也都有其相关应用。目标跟踪方法根据不同的用户需求进行设计，算法种类层出不穷。形成各类算法相互竞争、相互影响的研究现状。

香港科技大学的王乃岩和香港大学的石建萍课题组曾在 2015 年对当时大部分的目标跟踪算法的跟踪框架进行了分析，得出了详细的目标跟踪框架（Wang et al.，2015），该框架仍沿用至今。框架主要包含了 5 个部分：运动模型（motion model）、特征提取器（feature extractor）、观测模型（observation model）、模型更新器（model updater）和集成后处理器（ensemble post-processor）。基于光学卫星视频，其目标跟踪框架主要流程可以表示为图 5.1。

目标跟踪框架的每一部分对跟踪效果的影响大小不一，结合光学卫星视频进行分析，具体包含以下几个方面。

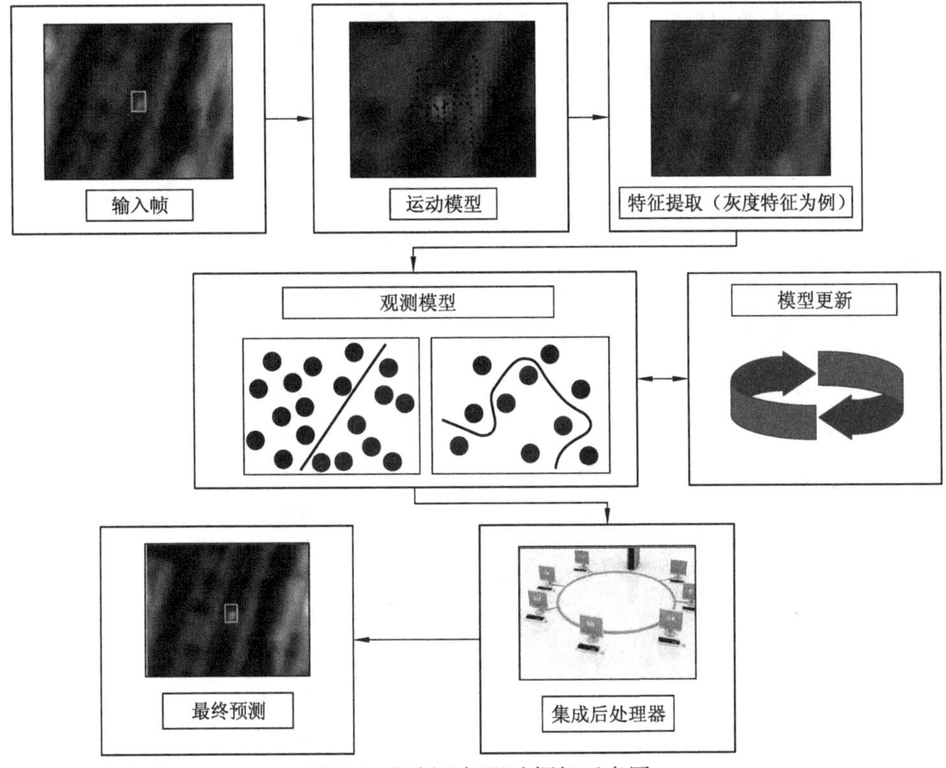

图 5.1　视频目标跟踪框架示意图

（1）运动模型。在跟踪过程中，运动模型用来推测目标所在区域，即在视频当前帧的处理中，运动模型根据前一帧目标位置推算目标在当前帧可能出现的图像位置范围。由于在短时间内目标运动位置变化不大，运动模型对跟踪效果的影响相对较小，但合适的运动模型可以降低观测模型的要求，对提高目标精度有着积极作用。光学卫星视频的目标跟踪设计中，运动模型的预测根据目标的运动速度、实际的数据拍摄帧频及分辨率来确定，按照吉林一号视频星 1 m 分辨率 10 帧频的影像数据及普通车辆的运动方式，以上一帧目标位置为中心的 4 倍目标大小的区域中可以作为跟踪预测的区域。

（2）特征提取器。运动模型推算目标位置的可能区域后，对该区域完成特征的提取。特征提取是目标跟踪中关键的一环。在目标跟踪算法的发展前期，很多算法是在优化目标特征中完成的。合适的特征提取方法可以使跟踪器更好地分辨出目标，较差的特征提取方法会导致跟踪器混淆目标与背景，从而降低精度甚至会丢失目标。在常见的处理算法中，手工提取特征方法包括：以图像的像素作为特征的灰度特征、以像素变化规律为特征的梯度特征、以像素分布为特征的纹理特征和以图像颜色为特征的颜色特征，还有近期比较热门的卷积神经网络提取特征方法等。在光学卫星视频中目标较小，选取合适的特征尤为重要。

（3）观测模型。观测模型的任务就是在目标的疑似区域中检测目标位置，即判断该区域的图块是否为跟踪的目标，此部分与特征提取同样极为重要。在观测模型工作时，将对当前帧中的各个疑似区域进行判断，分类出目标和背景相应的区域。观测模型精度高可以使分类精度提高，尤其是在目标特征较差的情况下，观测模型具有重要的作用。特征是在增强对象的可区分性，观测模型则是在增强跟踪的能力。在相关研究中，按照目标跟踪算法的分类，常见的模型分为生成类与判别类，常见的生成类模型有稀疏表示模型与子空间等，常见的判别类模型有机器学习中的支持向量机、逻辑回归、岭回归、相关滤波模型等。

（4）模型更新器。目标在运动的过程中其形态与背景在不断变化，为了使观测模型适应这种变化，在当前帧的跟踪任务完成后，根据当前的跟踪结果观测模型需要使用模型更新器完成跟踪参数的更新。一般的跟踪完成一帧后便进行更新的步骤，在更新的时候通常会加入权重，这是由于目标的变化不会太过于迅速，需要对前一帧的表观模型进行一定程度的保留，然后加入新的参数，以此完成模型更新，这样便使得模型更新达到一定的平衡。在跟踪应用中如何去决定模型的更新是一个很重要的问题，将会影响到跟踪器的鲁棒性与精度。在光学卫星视频中，目标变化并不多，相反会出现较多的噪声，因此在更新方面可以进一步降低频率，来保证跟踪的效率及鲁棒性。

（5）集成后处理器。一般的，简单的跟踪任务使用一个跟踪器便可以完成任务。但在实际应用中，应用的场景复杂多样，单靠一种方法难以完成可靠的跟踪。因此在工程类任务中，使用多个跟踪器共同完成任务，然后对多个跟踪结果进行判断，使用集成后处理器便可以高效的完成，实现最好的跟踪结果。这部分可以稳步提升目标跟踪结果，尤其适用多样化的跟踪器。

图 5.1 主要介绍了视频目标跟踪算法的主干流程，现有算法多以此流程框架来设计。在前一帧影像中，通过目标的运动模型估计目标可能出现的区域，据此将目标候选区域提供给跟踪器的观测模型，然后通过观测模型检测目标的位置，并根据此位置进行模型的更新。在这一过程中，目标与候选区由相应的特征提取方法来表达，对于较为严谨的跟踪要求，会使用多种跟踪器、优化组合的方式完成跟踪任务。

一个好的跟踪器通常取决于特征提取算法与观测模型。采用可以描述出目标与背景差别的特征表征及有强大分辨力的观测模型可以应对各种跟踪问题，这一点同样对光学卫星视频目标跟踪有重要参考价值。

5.1.2 经典目标跟踪方法

目标跟踪算法基本分为两类，即生成类算法与判别类算法（尹宏鹏 等，2016）。在研究前期，相较于判别类算法，生成类算法性能更适合应用，属于主流算法。生成类算法用参数建模（如概率密度函数）描述目标的外观，在下一帧数据传入后，重建目标疑似区的参数模型，比较两个参数模型的相似度或者误差来确定目标的位置。生成类较为经典的算法包括卡尔曼滤波、粒子滤波及 mean-shift。生成类以构建表达目标外观的模型为切入点，而判别类算法以对像素分类为目的。判别类算法利用背景来提高观测模型的分辨能力，通过给定标签的条件概率分布来直接推断候选区的输出值，之后选择具有最高响应值的位置作为跟踪结果。简单的过程就是在当前帧以目标区域作为正样本，背景区域作为负样本，让跟踪器完成学习，在下一帧中用训练好的跟踪器搜索最优区域（魏全禄 等，2016）。英国吉尔福德萨里大学视觉、语音和信号处理中心的 Zdenek 认为目标跟踪应该与目标检测结合，只有跟踪的算法是不够鲁棒的，相结合的算法可以很好地应对目标形变与目标遮挡的问题。现在这种思想在工程应用中是最为受用的（Zdenek et al.，2011）。

科罗拉多州立大学的 David 引入了相关滤波理论，基于相关滤波的跟踪方法开始流行。David 所提出的误差最小平方和（minimum output sum of squared error，MOSSE）算法（Henriques et al.，2012）将相关滤波引入后使用傅里叶变换使得跟踪算法的效率得到提高。在此基础上进一步优化，所提出的基于循环矩阵和核函数的目标跟踪（exploiting the circulant structure of tracking-by-detection with kernels，CSK）算法（Bolme et al.，2010）有着重要地位，CSK 算法在样本采样上进行优化，使用密集采样并引入了核函数。之后在特征提取上进一步优化，核相关滤波算法（João et al.，2015）使用 Hog 特征，CN 算法（Danelljan et al.，2014）使用颜色特征，均取得了不错的跟踪效果。本节将使用最经典的核相关滤波跟踪方法对判别类方法进行介绍。

1. 相关滤波跟踪方法

核相关滤波跟踪方法是基于相关滤波方法的改进。相关滤波在信号处理领域的相关理论中可以用于比较两个信号之间的相关性，这和目标跟踪寻找两个相似图像的需求相契合。信号的相关性运算与卷积运算类似。设 $f_1(t)$ 和 $f_2(t)$ 为两段信号，函数本身是实函数，根据信号之间的相关性分析，两者的相关性可以表达为

$$R_{12}(\tau)=\int_{-\infty}^{\infty} f_1(t)f_2(t-\tau)\mathrm{d}t=\int_{-\infty}^{\infty} f_1(t+\tau)f_2(t)\mathrm{d}t \tag{5.1}$$

$$R_{21}(\tau)=\int_{-\infty}^{\infty} f_1(t-\tau)f_2(t)\mathrm{d}t=\int_{-\infty}^{\infty} f_1(t)f_2(t+\tau)\mathrm{d}t \tag{5.2}$$

将其应用在目标跟踪后，目标的位置结果便是图像相关性最高的位置。在计算时，使用卷积的方法对信号进行计算。卷积运算比较复杂，大量数据的卷积运算会给计算机造成运算压力，因此使用傅里叶变换优化计算过程，将空间域的卷积运算转换为频率域的点乘运算，这一特点使得相关函数的计算效率得到解决，这也是将相关滤波应用在目标跟踪上的一个重要原因。

综上，基于相关滤波的跟踪方法基本流程可以表述为：根据已有的目标信息完成目标在第一帧数据中的特征提取，之后根据提取的目标特征进行相关滤波器的学习；在下一帧影像传入后，先推测疑似目标区域，使用上一帧的相关滤波器在该区域中检测相关性最大的位置，该位置即为目标在当前帧的位置。具体的处理方法如下所述。

在图像传入后，对目标疑似区域采集样本，滤波器 h 和样本区域 f 将进行卷积运算，得到相关性结果，即输出 g，此处 i 值为第 i 帧，图 5.2 为相关滤波响应的示意图。

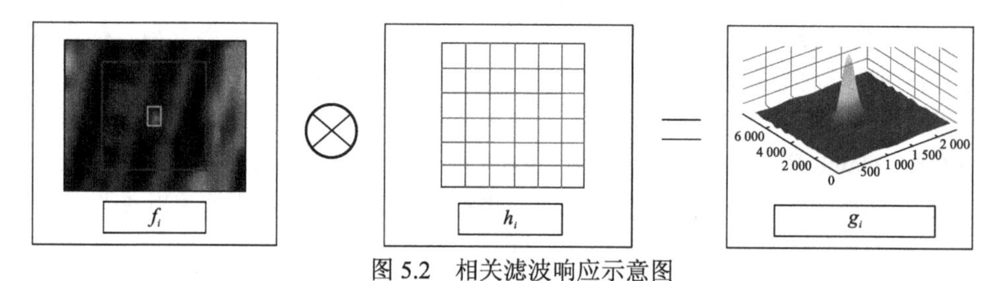

图 5.2　相关滤波响应示意图

图 5.2 中输出结果 g 中的峰值便是响应最大的位置，可以用式（5.3）表示，其中 $\otimes$ 表示卷积运算：

$$\boldsymbol{g}=\boldsymbol{f}\otimes\boldsymbol{h} \tag{5.3}$$

按照上述相关滤波的介绍，为了避免卷积运算带来的运算压力，使用傅里叶变换将运算转换至频域中进行计算，如下：

$$F(\boldsymbol{g})=F(\boldsymbol{f}\otimes\boldsymbol{h})=F(\boldsymbol{f})\odot F(\boldsymbol{h})^{*} \tag{5.4}$$

经由傅里叶变换 $F(*)$后，卷积运算 $\otimes$ 变换为点乘运算 $\odot$，式中使用*指共扼。为了更为清晰，使用 F 代表傅里叶变换后的 $\boldsymbol{f}$，H 表示傅里叶变换后的 $\boldsymbol{h}$，G 表示傅里叶变换后的 $\boldsymbol{g}$，经过简化后：

$$G=F\odot H^{*} \tag{5.5}$$

$$H^{*}=\frac{G}{F} \tag{5.6}$$

式（5.6）即为相关滤波器的数学表达公式，要完成目标跟踪只需要求解上式中的滤波器 H 即可。与理想情况不同，实际应用时场景复杂多变，各类跟踪场景的干扰及目标的形态变化都会对目标跟踪产生影响。为了使得跟踪器更可靠，实现高效且鲁棒的目标跟踪，一般会使用多个目标的图像作为样本进行学习。可以使用最小二乘的方法来解算其结果。使用 m 个样本完成跟踪器的解算，数学表达式如下：

$$\min_{H^*}=\sum_{i=1}^{m}|H^*\odot F_i-G_i|^2 \tag{5.7}$$

在解算跟踪器时，G 一般设置为理想的二维高斯分布，其峰值位于中心，相应的目标训练样本中，目标要位于样本中心。由于 g 是由 f 和 h 进行卷积运算后按照矩阵各个元素的位置输出的，$\boldsymbol{f}$、$\boldsymbol{g}$、$\boldsymbol{h}$ 是大小相同的矩阵，并且可以进一步表示为

$$\min_{H_{wv}^*}=\sum_{i=1}^{m}|H_{wv}^*\odot F_{wvi}-G_{wvi}|^2 \tag{5.8}$$

解算滤波器需要使对应每个像素的误差平方和最小，只需对式（5.8）求偏导，并使偏导结果为 0，如下：

$$0=\frac{\partial}{\partial H_{wv}^*}\sum_i|F_{iwv}H_{wv}^*-G_{iwv}|^2 \tag{5.9}$$

求解后，对上式化简后得

$$H_{wv}=\frac{\sum_i F_{iwv}G_{iwv}^*}{\sum_i F_{iwv}F_{iwv}^*} \tag{5.10}$$

式中：w 与 v 表示为各个像素对应的位置，因此可进一步化简来表示滤波器 H：

$$H=\sum_i\frac{F_iG_i^*}{F_iF_i^*} \tag{5.11}$$

后续数据传入时，使用滤波器计算疑似区的相似度，也就是置信度，根据置信度定位目标位置。跟踪时目标与运动场景不会保持不变，某些场景会使得目标发生形变（遮挡或旋转）或者背景的突然变化（光照、其他目标接近），这些情况都会干扰跟踪器判断，但是这些变化是逐渐完成的，如果跟踪器随着变化而进行更新就可以适应这类变化具有相应的鲁棒性，而且为了保证更新的平滑，更新的学习率是极为重要的。其更新的过程如下：

$$H_t=\frac{A_t}{B_t} \tag{5.12}$$

$$A_t=\eta F_tG_t^*+(1-\eta)A_{t-1} \tag{5.13}$$

$$B_t=\eta F_tF_t^*+(1-\eta)B_{t-1} \tag{5.14}$$

式（5.13）为滤波器更新的公式，式中 t 表示当前帧，t-1 则表示前一帧，使

用 η 来表示滤波器的学习率。

现在主流算法以相关滤波为主导，在光学卫星视频特征稀少的点目标中，还无法将深度特征使用，相关滤波算法的主要流程图如图 5.3 所示。

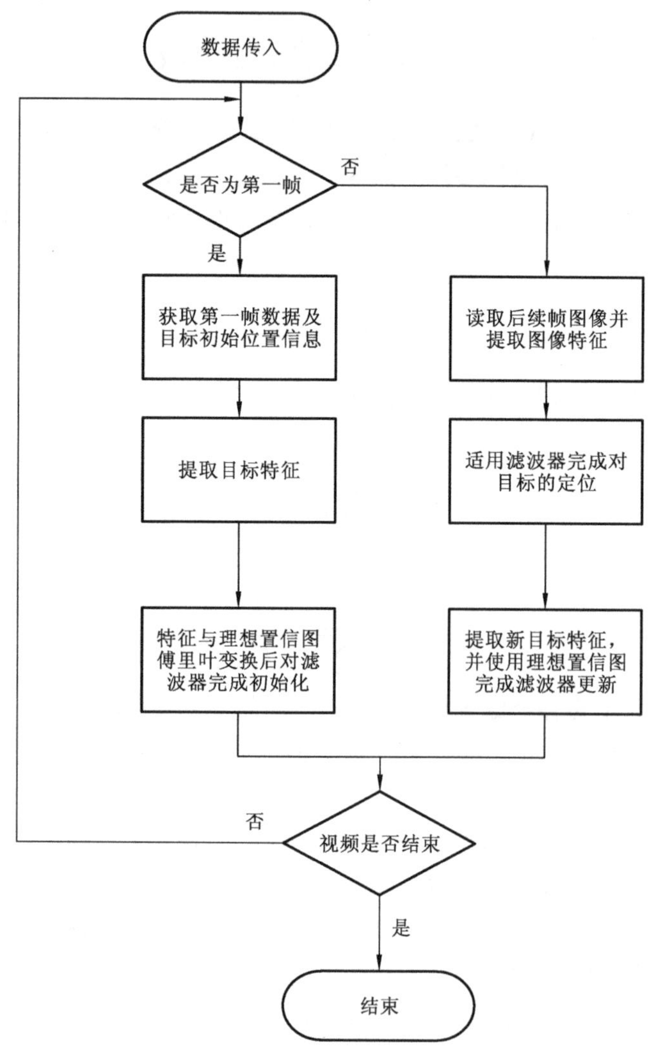

图 5.3　相关滤波跟踪算法流程图

2. 核相关滤波跟踪算法

基于相关滤波的目标跟踪一经推出，相关研究热度便高涨起来。虽然算法成熟度逐渐的上升，但其缺陷也逐渐被暴露出来，其中最突出的一点就是跟踪器训练。在跟踪过程中，需要大量的样本支撑训练，这些过多的样本数量使得运算压力巨大，很多应用中跟踪器需要有实时性效果。因此，一些研究通过稀疏采样来降低计算压力，但也导致跟踪器的分辨力不足，跟踪器性能弱化使得跟踪精度降低，如何设计样本变成了必须要解决的难题。

João 等（2015）提出了一种利用核函数来完成目标跟踪的循环结构，即核相关滤波跟踪方法。João 系统地分析了样本采样的数据结构，提出利用循环结构来完成样本学习的方法，并在求解滤波器时使用核函数完成解算。CSK 算法的循环结构与傅里叶变换结合，完成所有采样样本的快速处理。循环结构使得高效密集采样变得可能，同时也保证了较高的跟踪精度。另外，在求解滤波器与目标检测时结合了核函数，完成多数非线性空间特征的高效分类，保障了运算速度。虽然相较于最基本的相关滤波算法效率要低一些，但是 CSK 在显著提高精度的同时还是能够保证可观的目标跟踪速度。

CSK 算法使用核相关滤波作为观测模型，特征主要采用灰度特征，本节主要介绍核相关滤波的目标检测过程。目标检测过程可以分为两个部分：观测模型训练和目标检测。循环结构在两部分中均起到重要作用，因此本节首先介绍循环结构，之后分别对滤波器训练和目标检测内容进行说明。

相关滤波跟踪算法是利用模板在目标疑似区域上滑动并进行卷积运算，从而得到疑似区域与模板的相关性，这一过程的效率极低。CSK 算法中引入了循环矩阵（循环结构），通过循环矩阵可以完成样本的密集采样，然后利用频域计算的方式提高计算速度。图 5.4 便是循环矩阵采样下的样本示意图。

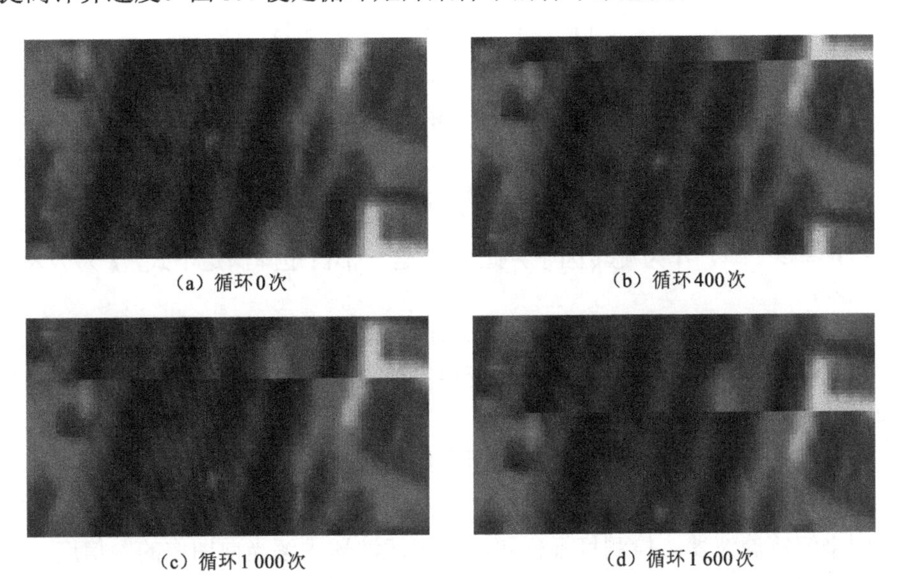

（a）循环 0 次　（b）循环 400 次

（c）循环 1 000 次　（d）循环 1 600 次

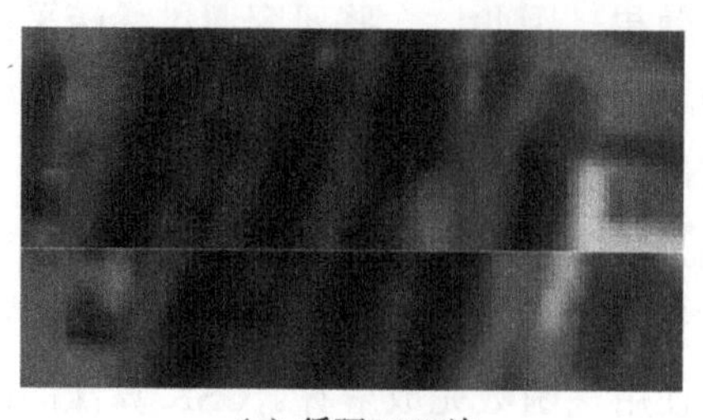
（e）循环2 200次

（f）循环3 000次

图 5.4　循环矩阵采集的效果图

设 u_n 为样本图像 $\boldsymbol{u}$ 的一行像素，则样本可以表达为 $\boldsymbol{u}=[u_0,u_1,u_2,u_3,\cdots,u_{N-1}]$，经过循环变换可以将 $\boldsymbol{u}$ 扩展为一个样本集，样本集中每一行都是由 $\boldsymbol{u}$ 生成的样本，可以表达为一种具有循环结构的矩阵：

$$\boldsymbol{C}(\boldsymbol{u})=\begin{bmatrix} u_0 & u_1 & u_2 & \cdots & u_{N-1} \\ u_{N-1} & u_0 & u_1 & \cdots & u_{N-2} \\ u_{N-2} & u_{N-1} & u_0 & \cdots & u_{N-3} \\ \vdots & \vdots & \vdots & & \vdots \\ u_1 & u_2 & u_3 & \cdots & u_0 \end{bmatrix} \tag{5.15}$$

离散傅里叶变换可以对角化循环矩阵，经过变换后上式可以进一步表示为

$$\boldsymbol{C}(\boldsymbol{u})=\boldsymbol{A}\cdot\mathrm{diag}(F(\boldsymbol{u}))\cdot\boldsymbol{A}^H \tag{5.16}$$

式中：$F(\boldsymbol{u})$ 为傅里叶变换；H 为共轭转置运算符；$\boldsymbol{A}$ 为傅里叶变换矩阵，$\boldsymbol{A}$ 形式如下：

$$\boldsymbol{A}=\frac{1}{\sqrt{n}}\begin{bmatrix} 1 & 1 & 1 & \cdots & 1 \\ 1 & W & W^2 & \cdots & W^{N-1} \\ 1 & W^2 & W^4 & \cdots & W^{2(N-1)} \\ \vdots & \vdots & \vdots & & \vdots \\ 1 & W^{N-1} & W^{2(N-1)} & \cdots & W^{(N-1)^2} \end{bmatrix} \tag{5.17}$$

式中：$W=\mathrm{e}^{-j2\pi/N}$，作为旋转因子，此外 $\boldsymbol{A}$ 是一个酉矩阵满足下式，$\boldsymbol{I}$ 为 $N\times N$ 的单位矩阵：

$$\boldsymbol{A}^H\boldsymbol{A}=\boldsymbol{A}\boldsymbol{A}^H=\boldsymbol{I} \tag{5.18}$$

以上便是利用旋转矩阵和傅里叶变换完成的样本集生成，这种密集采样在之后的滤波器训练中有着很大的意义。

相关滤波类的跟踪算法通常分为两个组成部分，求解滤波器和检测目标位置，两者基本为互逆过程。求解滤波器时，使用已检测到目标在图像的位置与理想的置信图来解算滤波器。检测目标位置则使用滤波器求解当前图像的置信度，来判断目标位置。

CSK 的滤波器 ω（即前文所述的观测模型）的训练过程采用百分制的方法，对应的置信度与距离的反向关系，在目标中心最高，在无限距离为 0。可以分辨目标的滤波器 ω 要满足样本的置信度 $f(\boldsymbol{u})$ 与预定义的分数 r 的误差最低，根据这个要求便可以求解出滤波器。

$f(\boldsymbol{u})$ 计算方法如下：

$$f(u_i)=\langle w,u_i\rangle+b \tag{5.19}$$

之后，CSK 方法很好地利用了循环矩阵的特性。按照上节所述，通过基样本 $\boldsymbol{u}$ 的循环来获取样本集 I_{p}。之后使用递归最小二乘法（recursive least square，RLS）方法求解滤波器，数学表达式为

$$\min_{\omega}\sum_{i}^{n}L(r_i,f(u_i))+\tau\|\omega\|^2 \tag{5.20}$$

$$L(r_i,f(u_i))=(r_i-f(u_i))^2 \tag{5.21}$$

式中：$L(*)$ 被称作损失函数，该函数表达了前文提到的滤波器满足的要求，即响应值与理想值最小。在使用最小二乘法训练时，所得到的相关滤波器与当前帧的目标相关性是最高的，而在下一帧数据传入后，目标与场景已经发生了变化，与上一帧相比较是存在差异的，使得上一帧训练得到的滤波器检测目标在新的图像上的位置时，很容易发生过拟合的现象，导致跟踪器精度低。因此加入了正则项，即式（5.20）中 $\tau\|\omega\|^2$，避免训练的过拟合，这样求解的滤波器更具有泛化能力，提高了跟踪器的可靠性，一般 τ 取 0.01 即可。

但在求解上式的过程中存在一个难点，由于样本集的特征属于非线性特征，通常在低维空间中，非线性特征是难以分类的，所以计算时需要通过非线性变换 $\varphi(x)$，将样本变换到高维空间，使样本特征可以进行分类，但这样又产生新的难点，虽然方法可行但是高维空间计算极为复杂，产生的计算量与相关滤波的高效初衷不符。为了解决该问题，CSK 方法使用了核函数。

在样本通过非线性变换 $\varphi(x)$ 变换至高维的特征空间进行复杂的内积计算时，存在函数 $k(x,y)$ 的结果与样本变换至高维空间后的内积结果相同，可以使用公式表达为 $k(x,y)=\langle\varphi(x),\varphi(y)\rangle$。因此，可以使用该函数直接得到非线性变换 $\varphi(x)$ 的内积，而不需要计算复杂的非线性变换，这样便可以简化运算，$k(x,y)$ 即为核函数。

通过上述方式，非线性特征可以转换为线性特征，从而完成进一步分类。根据支持向量机的核函数，滤波器 ω 也可以表示为

$$\omega=\sum_{i}^{n}\alpha_i\varphi(u_i) \tag{5.22}$$

按照式（5.22）所示，求解参数 ω 可由求解 α 来代替，此处 α 就是所要求的滤波器。CSK 将式（5.20）与式（5.22）相结合，并使用极值方法求解最小值。

滤波器便可以表示为

$$\alpha = (\boldsymbol{K} + \tau \boldsymbol{I})^{-1} r \tag{5.23}$$

参数 $\boldsymbol{K}$ 是由样本解算得到的核矩阵。因为 $\boldsymbol{K}$ 具有循环结构，因此在求解 α 时可以加入傅里叶变换，可继续化简为

$$\alpha = F^{-1}\left(\frac{F(r)}{F(k)+\tau}\right) \tag{5.24}$$

F 即为傅里叶变换。由于矩阵尺寸的减小和傅里叶快速变换的应用，CSK 将训练时间大大缩短。

检测阶段较为简单，即解算图像上置信度的响应值。具体如下，从当前图像中采样 y。根据式（5.25），使用滤波器求解置信度图：

$$r' = \sum_{i}^{n} \alpha_i k(u_i, y) \tag{5.25}$$

同样的，在检测阶段使用循环结构与傅里叶变换完成目标在下一帧的检测，如下：

$$\hat{r} = F^{-1}(F(\bar{k})F(\alpha)) \tag{5.26}$$

在上述公式中，$\bar{k}$ 是当前帧 z 和基样本 u 的内核函数，如下：

$$\bar{k}_i = k(z, \boldsymbol{P}^i u) \tag{5.27}$$

式中：$\boldsymbol{P}^i u$ 是循环矩阵的表示形式。

对响应值进行归一化后，由响应值形成的置信图便是图像上各个像素点是目标的概率。置信度最高的位置就是目标在当前帧中出现的位置。

5.2 光学卫星视频动目标跟踪算法

光学卫星视频与地面监控视频的差异性使一般的目标跟踪方法难以直接应用于卫星视频，跟踪算法应该在特征及信息缺失这类问题中增强目标跟踪效果，并利用目标运动的连续性与平滑性来增强跟踪精度。

目标特征主要以图像的特定结构来表示，比如点、线及对象等。比较常用的特征提取方法包括图像自身的灰度特征、体现图像梯度变化的梯度特征、多通道颜色特征及以像素分布来定义的纹理特征。也有对图像特征进行增强的方法，比如常见的中值滤波、高斯滤波及分解图像的小波等，还有热门的卷积神经网络提取的深度特征。以运动车辆跟踪为例，卫星视频的车辆目标由于信息较少，使用深度特征效果并没有人工特征的效果优越，反而减慢了跟踪器的速度，因此是否使用神经网络提取特征由具体目标的细节量来决定。

目标跟踪算法中比较常用的 Hog 特征、CN 特征都是比较常见的特征，在卫星视频中能发挥不同程度的作用。由于光学卫星视频多为彩色视频，且目标纹理较弱，CN 颜色特征（图 5.5）在这类特征中的表现更适合卫星视频。此外，利用 Haar 小波分解（图 5.6）及局部二值模式（local binary pattern，LBP）纹理特征（图 5.7）对目标跟踪的效果也有很好的提升效果，采用多特征融合是十分重要的。

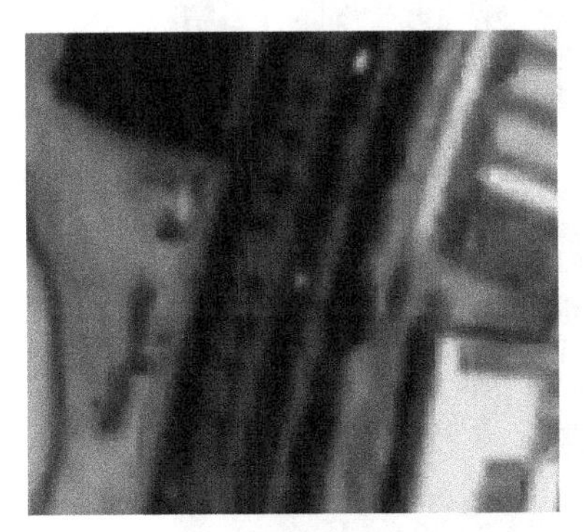

（a）原图

（b）CN颜色特征

图 5.5　原图与 CN 颜色特征对比图

（a）原图

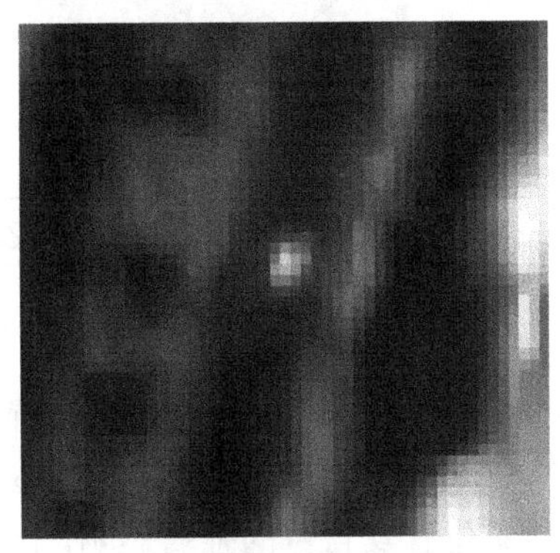

（b）Haar小波分解图

图 5.6　原图与 Haar 小波分解对比图

前文提到光学卫星视频中目标尺寸太小，卫星视频目标本身的特征信息较少，可以考虑使用目标周围背景作为信息来进行补偿。

目标跟踪就是解算每个像素是目标的概率。在已知目标位于前数帧影像中的位置后，人眼可以根据背景判断目标所在位置，这是由于前数帧的背景信息与目标产生了联系，在这种联系的辅助下增强了分辨目标的能力，这种联系也就是后验概率，在将背景的先验概率进行计算后便可以得到各点像素是目标的概率。公式可以表达为

(a) 原图

(b) LBP特征

图 5.7　原图与 LBP 特征对比图

$$P(x)=\sum_{e_i \in e} P(x,e_i) \tag{5.28}$$

$$P(x \mid e_i)=\frac{P(x,e_i)}{P(e_i)} \tag{5.29}$$

式中：e_i 为各个位置的背景；$P(x, e_i)$ 为背景 e_i 存在的情况下位置 x 是目标的概率，所有概率和便是该点是目标的概率；$P(x|e_i)$ 则是后验概率；$P(e_i)$ 为背景先验概率，$P(e_i)$ 受背景位置及自身的强弱影响，因此与高斯分布相似。$P(x|e_i)$ 作为目标与背景的联系，使用前数帧的目标位置与背景分布便可以训练得出。

在实际的操作中，将核相关滤波的训练置信度设置为非 0 的高斯分布，在扩大的背景区域中训练的置信度设置为 0 便完成（图 5.8）。这样可以使用更多的负样本来增强滤波器的分辨能力，对背景干扰也可以起到更好的抑制效果。除此之外，可以加入目标运动的平滑约束作为另一种信息的补充，因为卫星视频下的目标运动时具有规则性，尤其是运动速度快的目标，其运行轨迹是极为平滑的，根据历史的轨迹修正目标的位置，这样便可以使目标位置精度更高。

确定跟踪结果的准确性是一个很重要的问题，因为要根据当前结果更新滤波器。在跟踪失败或精度较差的情况下，错误信息会被引入学习中，不可避免地影

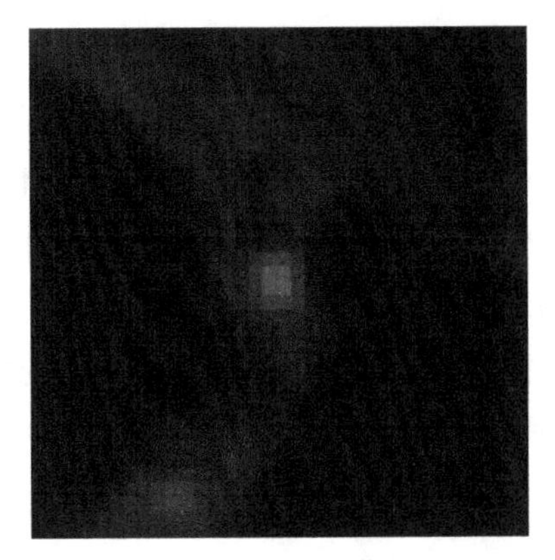
（a）目标的图像

（b）背景位置置信度为0

图 5.8　目标位置类高斯分布

响模型的准确性。Grossberg（1987）认为，模型更新中的关键问题与稳定性和可塑性问题有关。只有稳定可靠的更新模型才能使得问题得以解决，从而避免出现小误差累积和模型跟踪其他对象的漂移问题。该模型还要求可塑性，以有效地吸收在跟踪过程中获得的新信息。许多算法，如核相关滤波算法和尺度估计跟踪算法不能确定跟踪结果的可靠性。训练通常采用每帧的结果或间隔 N 帧的结果，例如小网络自训练跟踪算法和序贯卷积神经网络算法。但是，这些方法是有风险的。当目标被遮挡或跟踪器出现错误时，训练模型将影响跟踪器进行辨别的能力（Han et al.，2019；Miguel et al.，2012）。

为了避免跟踪结果不准确而导致的模板污染，应增加对跟踪结果的判断。如图 5.9 所示，响应图的峰值与背景相比更为突出，假设响应映射遵循高斯分布，则在整个搜索窗口中置信图应带有尖峰和轻微尾部，如图 5.9（a）所示。但是，受某些异常属性和样本噪声的影响，跟踪器很容易丢失目标，响应图将包含多个峰值或异常形状，如图 5.9（b）、（c）所示。此时，峰值变得不那么明显。

（a）尖峰形态

（b）多峰形态

（c）异常形态

图 5.9　跟踪器不同状态下的置信度图

根据置信度图与跟踪结果的关系，可以通过置信图的变化判断跟踪结果。使用统计相关的理论，判断峰值起伏状态，例如解算置信图的极值来判断其起伏。

通过这种方式来监控与评价跟踪结果。

按照上述若干改进的方法，本节设计一种利用信息补偿的弱小目标跟踪方法（weak object tracking using information compensation，WTIC），一方面使用 Gabor 滤波降低目标背景的噪声以提高目标的可分辨性；另一方面按照前文提高背景样本的采集，建立背景与目标的联系，并加入核相关滤波中来提高跟踪器的目标分辨能力；最后又统计跟踪结果的置信图的标准差与最大最小值完成结果的自我判断，并在发生丢失或遮挡时利用目标运动平滑性预测目标的移动。最终使改进后的目标跟踪方法可以应用在卫星视频中。具体流程与流程图如图 5.10 所示。

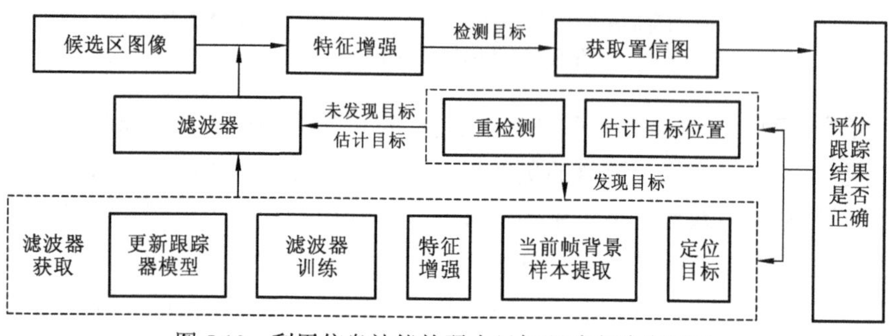

图 5.10　利用信息补偿的弱小目标跟踪方法流程图

如 5.1.1 小节和 5.1.2 小节中所述的跟踪流程一致，这里首先简要概述跟踪流程，目标跟踪在第一帧传入系统时具备目标的初始位置及大小，采样初始帧的目标切片来初始化滤波器（5.1.1 小节中的观测模型），第二帧传入后按照 5.1.2 小节中提到的傅里叶变换与点乘计算完成滤波器对第二帧（当前帧）目标位置的检测，检测后的结果对滤波器重新学习，使跟踪器对当前目标有更好的分辨力，按照此过程处理所有后续帧。

不同的是，在本节中加入了三处改进，如图 5.10 所示：首先，在每次的采样中扩大背景样本，解算滤波器的置信图按照背景置信度为 0 且目标中心满足高斯分布的设计，以此完成背景联系目标；其次，在每次提取样本的同时使用特征增强和噪声抑制的处理，本节采用 Gabor 滤波作为处理手段，在各类场景中可以使用多种特征方法来综合考虑；最后，在每一帧跟踪结束后，使用上文所提到的内容对跟踪结果完成评价，根据不同的结果将分别采取：跟踪成功则滤波器进行更新，跟踪失败则使用历史轨迹预测目标或使用前面章节中提到的目标检测方法来进行目标的重检测。

5.3 光学卫星视频动目标状态估计

基于光学卫星视频的动目标状态估计是利用跟踪得到的目标运动轨迹，通过单点定位的方法获取目标的真实运动，以此完成目标的速度及方向的求解。

5.3.1 单帧影像对地目标定位

由于光学卫星视频每一帧均可提供影像对应的 RPC 参数，通过该参数利用每帧影像的 RPC 文件里的模型参数，可以构建每帧影像的 RPC 模型，具体构建方法详见第 2 章。基于 RPC 模型具有模拟精度高、通用性好、应用方便、计算量小等优点，在进行对地目标几何定位处理时，无须建立起对应具有物理意义的严密模型。

针对序列影像上每帧图像上的每个点状动目标，进行基于 RPC 模型的视频影像对地目标定位，计算得到所有待处理的序列影像上的每个目标点的物方空间坐标。计算方法如下。

利用卫星时序影像进行对地目标定位实质上就是求解像点视线出射方向与地面的交点，将上述 RPC 模型改为从像方到物方的正算形式，考虑到是二维影像向三维空间投影，此时需要引入该区域的数字高程模型 DEM 作为高程约束，具体正算形式如下：

$$X = \frac{\mathrm{Num_L}(x, y, H)}{\mathrm{Den_L}(x, y, H)} \tag{5.30}$$

$$Y = \frac{\mathrm{Num_s}(x, y, H)}{\mathrm{Den_s}(x, y, H)} \tag{5.31}$$

式中：(X, Y, Z) 为正则化的地面点坐标；(x, y) 为正则化的像点坐标。

当已知 DEM 数据时，地面点的三维空间坐标可通过逐次迭代计算方法求得。具体计算过程如下：

（1）给定高程初始值 h_0，求出成像光线与 h_0 高程面的交点 P_1 的平面坐标；

（2）利用 P_1 的平面坐标在 DEM 中内插出 P'_1 点的高程 h_1；

（3）由 h_1 确定点 P_2 的平面坐标，重复确定 P'_2 及其后续的点 P'_3，…，P'_n，直至满足收敛条件为止。P'_n 即为所求的地面点，输出其三维空间坐标。

5.3.2　运动目标轨迹拟合

获取目标运动轨迹的物方空间坐标后，采用切比雪夫多项式模型，进行运动轨迹拟合：

切比雪夫多项式是定义在在区间[-1, 1]上的权函数为 $\rho(x)=1/\sqrt{1-x^2}$ 的正交多项式 $T_n(x)=\cos(n\arccos x)$。

切比雪夫多项式的递推关系如下式所描述：

$$T_{n+1}(x)=2xT_n(x)-T_{n-1}(x),\quad n\geqslant 1 \tag{5.32}$$

由 $T_0(x)=1$，$T_1(x)=x$ 递推可得

$$\begin{cases} T_2(x)=2x^2-1 \\ T_3(x)=4x^3-3x \\ T_4(x)=8x^4-8x^2+1 \\ T_5(x)=16x^5-20x^3+5x \end{cases} \tag{5.33}$$

显然，$T_n(x)$ 的首项系数 $a_n=2^{n-1}(n\geqslant 1)$。

假设需要在时间间隔 $[t_0,t_0+\Delta t]$ 内计算 n 阶切比雪夫多项式系数。其中 t_0 为起始历元时刻，Δt 为拟合时间长度。首先将变量 $t\in[t_0,t_0+\Delta t]$ 变换成 $\tau\in[-1,1]$：

$$\tau=\frac{2}{\Delta t}(t-t_0)-1,\quad t\in[t_0,t_0+\Delta t] \tag{5.34}$$

则点状运动目标地面坐标 X，Y，Z 的切比雪夫多项式分别为

$$\begin{cases} X(t)=\sum\limits_{i=0}^{n} C_{X_i}T_i(\tau) \\ Y(t)=\sum\limits_{i=0}^{n} C_{Y_i}T_i(\tau) \\ Z(t)=\sum\limits_{i=0}^{n} C_{Z_i}T_i(\tau) \end{cases} \tag{5.35}$$

式中：n 为切比雪夫多项式的阶数；C_{X_i}、C_{Y_i}、C_{Z_i} 分别为卫星位置的 X 坐标分量、Y 坐标分量、Z 坐标分量的切比雪夫多项式系数。在切比雪夫多项式中 T_i 可递推确定。

以 X 坐标分量为例说明。设 X_k 为观测值，则误差方程为

$$V_{X_k}=\sum_{i=0}^{n} C_{X_i}T_i(\tau_k)-X_k,\quad k=1,2,\cdots,m;\quad i=0,1,2,\cdots n \tag{5.36}$$

误差方程的矩阵展开式为

$$\begin{bmatrix} V_{X_1} \\ V_{X_2} \\ \vdots \\ V_{X_m} \end{bmatrix} = \begin{bmatrix} T_0(\tau_1) & T_1(\tau_1) & T_2(\tau_1) & \cdots & T_n(\tau_1) \\ T_0(\tau_2) & T_1(\tau_2) & T_2(\tau_2) & \cdots & T_n(\tau_2) \\ \vdots & \vdots & \vdots & & \vdots \\ T_0(\tau_m) & T_1(\tau_m) & T_2(\tau_m) & \cdots & T_n(\tau_m) \end{bmatrix} \begin{bmatrix} C_{X_0} \\ C_{X_1} \\ \vdots \\ C_{X_m} \end{bmatrix} - \begin{bmatrix} X_1 \\ X_2 \\ \vdots \\ X_m \end{bmatrix} \tag{5.37}$$

令

$$\boldsymbol{V} = [V_{X_1} \quad V_{X_2} \quad V_{X_3} \quad \cdots \quad V_{X_m}]^{\mathrm{T}} \tag{5.38}$$

$$\boldsymbol{f}_x = [X_1 \quad X_2 \quad X_3 \quad \cdots \quad X_m]^{\mathrm{T}} \tag{5.39}$$

$$\boldsymbol{M} = [C_{X_1} \quad C_{X_2} \quad C_{X_3} \quad \cdots \quad C_{X_m}]^{\mathrm{T}} \tag{5.40}$$

$$\boldsymbol{B} = \begin{bmatrix} T_0(\tau_1) & T_1(\tau_1) & T_2(\tau_1) & \cdots & T_n(\tau_1) \\ T_0(\tau_2) & T_1(\tau_2) & T_2(\tau_2) & \cdots & T_n(\tau_2) \\ \vdots & \vdots & \vdots & & \vdots \\ T_0(\tau_m) & T_1(\tau_m) & T_2(\tau_m) & \cdots & T_n(\tau_m) \end{bmatrix} \tag{5.41}$$

则 $\boldsymbol{V}_X$ 写成向量表达式：

$$\boldsymbol{V}_X = \boldsymbol{BM} - \boldsymbol{f}_x \tag{5.42}$$

利用最小二乘误差原理，$\boldsymbol{M}$ 须满足 $\boldsymbol{V}^{\mathrm{T}}\boldsymbol{PV}=\min$，则有

$$\boldsymbol{B}^{\mathrm{T}}\boldsymbol{BM} - \boldsymbol{B}^{\mathrm{T}}\boldsymbol{f}_x = 0 \tag{5.43}$$

可解得

$$\boldsymbol{M} = (\boldsymbol{B}^{\mathrm{T}}\boldsymbol{B})^{-1}\boldsymbol{B}^{\mathrm{T}}\boldsymbol{f}_x \tag{5.44}$$

这样 $\boldsymbol{M}$ 各分量记为切比雪夫多项式的拟合系数 C_{X_i}。同理，可以计算出任意一个点状运动目标地面的 Y、Z 在 $[t_0, t_0+\Delta t]$ 时间内的切比雪夫多项式拟合系数 C_{Y_i}、C_{Z_i}，利用这些系数，可以计算出 $[t_0, t_0+\Delta t]$ 时间内任意时刻的点状运动目标地面坐标。

5.3.3　运动目标速度和方位解算

在获取了某个点状运动目标的轨迹模型后，对时间 t 进行一阶偏导，即可获取点状运动目标的速度模型，根据具体时刻解算目标速度。

在获取了轨迹模型的基础上，任意截取某一时刻 t_0 的点状目标平面坐标（X_0, Y_0），增加一个极小值 δt，得到（$t_0+\delta t$）时刻的点状目标平面坐标（X_1, Y_1）。则点状目标 t_0 时刻的瞬时切线方向角为

$$\theta = \arctan\frac{Y_1 - Y_0}{X_1 - X_0} \tag{5.45}$$

光学卫星时序影像动目标运动状态估计流程图，如图 5.11 所示。

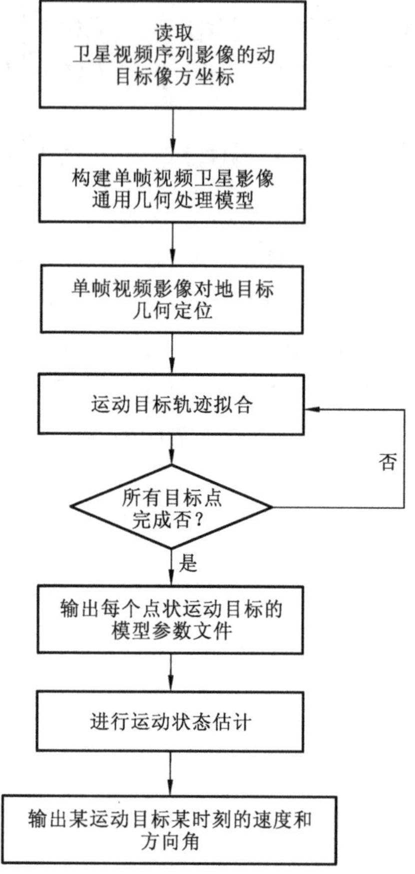

图 5.11 动目标运动状态估计流程图

5.4 实验结果与分析

5.4.1 陆上运动目标跟踪

本节选取两个光学卫星视频进行测试，视频具有典型的场景环境并富有挑战性，主要包括目标转弯、邻近相似目标、背景干扰的场景。选择机动目标做测试，目标尺寸小、无纹理特征且与背景的对比度较低。测试 1 选取吉林一号 01 星视频，跟踪目标是一辆机动车，首先处在静止状态一段时间，然后极其缓慢但伴随大角度转弯地运动，同时附近有近似目标干扰。测试 2 选取 SkySat 视频，将道路上行驶汽车作为跟踪目标，视频中的跟踪目标进行调头和变速行驶，并且邻域干扰严重、相似度高，与背景对比度低。测试视频描述见表 5.1，测试视频第一帧截图如图 5.12 所示。

表 5.1　测试视频描述

目标	视频	目标大约尺寸/像素	测试总帧数
目标 1	吉林一号 01 星	7×7	493
目标 2	SkySat	5×3	300

（a）目标1

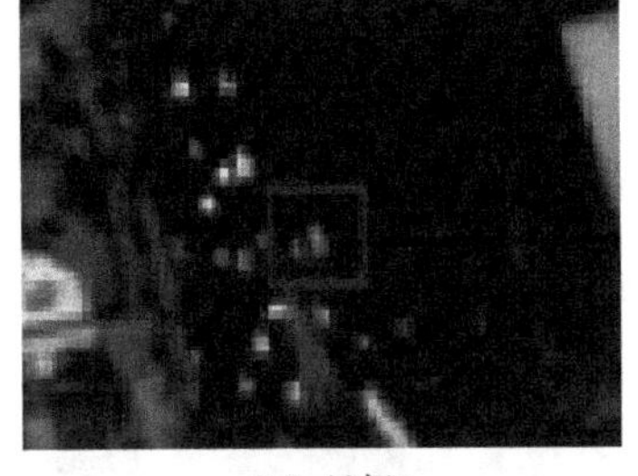

（b）目标2

图 5.12　测试视频第一帧截图

对上述两段视频中的跟踪目标进行算法测试。为便于观察跟踪效果，将当前帧目标位置和 200 帧历史轨迹标记出。两个目标的跟踪结果如表 5.2 所示。考虑光学卫星视频点目标尺寸较小，这里将正确跟踪阈值定为 $2\sqrt{2}$ 个像素。正确跟踪指的是跟踪结果目标与真实目标的外接矩形中心距离差小于等于阈值，即距离精度衡量。从跟踪效果上看，试验的两个目标全部成功跟踪，在整个过程中保持较好的跟踪状态，跟踪精度均大于 90%，轨迹平滑。

表 5.2　测试结果

目标	视频总帧数	正确跟踪帧数	跟踪精度
目标 1	493	459	0.931
目标 2	300	271	0.903

下面对不同光学卫星视频中两个运动目标跟踪效果分别加以详细分析。

1. 目标 1 实验

测试 1 实验主要是为了验证跟踪算法针对目标进行小位移和大角度旋转运动、并带有邻近相似目标轻微干扰情况下的跟踪效果，如图 5.13 所示为测试结果。目标 1 开始处于几乎静止、待转弯状态，车后有相似目标。10 帧过后，目标开始进行旋转运动。到第 120 帧左右，目标几乎未移动，但大约旋转了 30°，并且目标前、后都有邻近的相似目标干扰；到第 250 帧左右，目标旋转角度大约为 45°，此时目标位移依然小，大约移动了 6 个像素；到第 330 帧左右，目标旋转角度大约为 120°，完成转弯运动，并开始进入直线加速行驶状态。在整个过程中，跟踪轨迹平滑，近似真实轨迹。尤其是在目标做近似无位移的旋转运动时，跟踪效果良好、状态稳定。

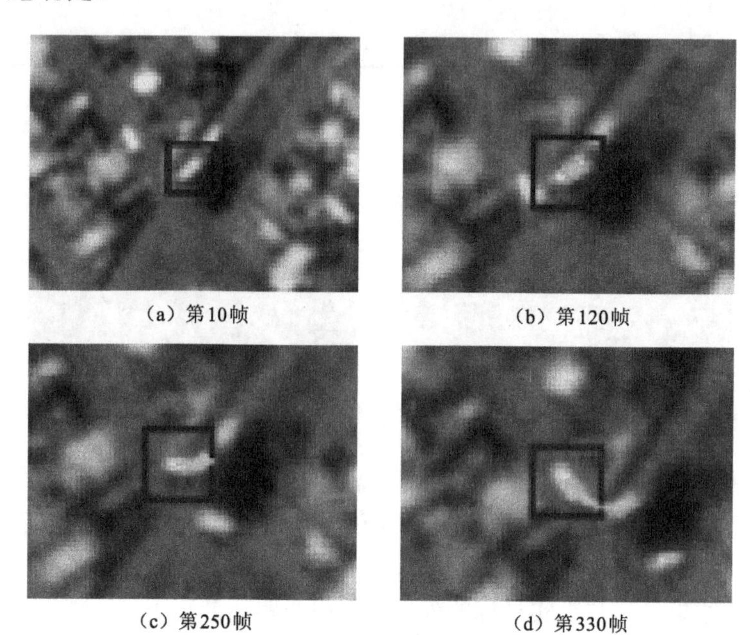

（a）第10帧　（b）第120帧

（c）第250帧　（d）第330帧

图 5.13　目标 1 跟踪效果

2. 目标 2 实验

测试 2 实验主要是为了验证算法在有邻近干扰和对比度低的情况下，做转弯调头运动时的跟踪效果。与测试 1 相比，跟踪目标尺寸更小，整个过程中的转弯角度更大，接近 180°。目标整体轮廓不够清晰，左侧目标干扰严重，几乎贴合。测试 2 的实验结果如图 5.14 所示，第 15 帧显示了跟踪目标与干扰目标并排行驶、彼此干扰较大；第 85 帧左右，目标开始准备转弯行驶；第 122 帧左右，逐渐脱离干扰目标，同时旋转了大约 45°；第 155 帧左右旋转了 90° 左右；第 192 帧左右大约旋转了 135°；第 284 帧左右旋转了 170°，然后开始直线行驶。可以看到，在目标对比度欠佳并伴随转弯调头的情况下，测试 2 保持了较高的跟踪精度，跟踪效果良好。通过轨迹线也可以看出，除了在邻近目标干扰和转弯 135° 之后的过程中，有几帧的跟踪结果出现了 2 个像素左右的偏移，但并未丢失目标，整体表现平滑、无阶跃突变。

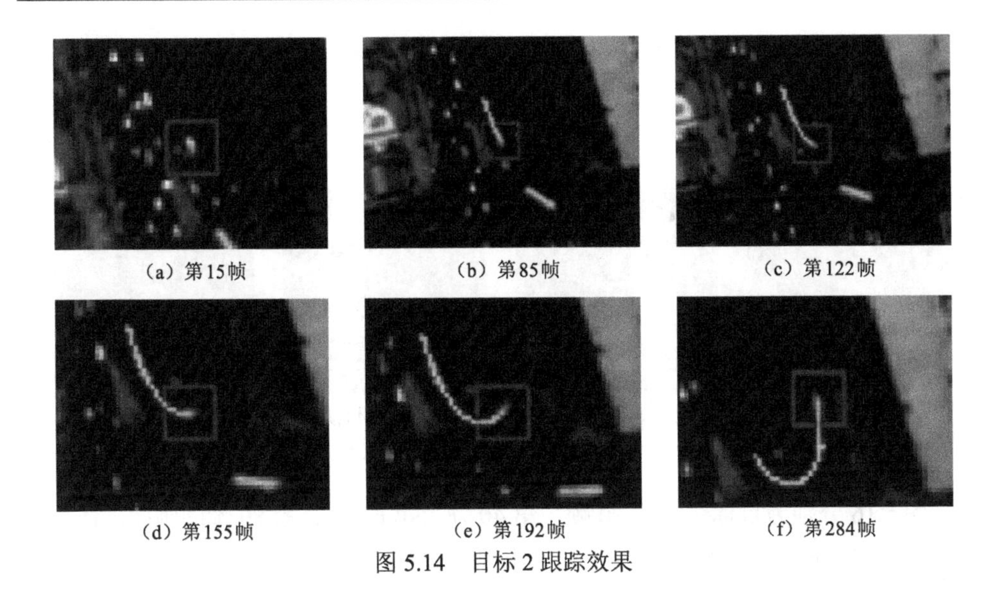

（a）第15帧　（b）第85帧　（c）第122帧

（d）第155帧　（e）第192帧　（f）第284帧

图 5.14　目标 2 跟踪效果

5.4.2　海上运动目标跟踪

海上运动目标跟踪共进行 5 组实验。实验数据分别采用了两组珠海一号卫星数据和三组吉林一号卫星数据。5 组视频数据均为彩色，其中，珠海一号影像分辨率为 2 m，吉林一号影像分辨率为 1 m。

对 5 组数据中的跟踪目标进行算法测试。5 个目标的跟踪结果如表 5.3 所示。从跟踪效果上看，实验的 5 个目标全部被成功跟踪，在整个过程中保持较好的跟踪状态，跟踪精度均大于 90%，轨迹平滑。

表 5.3　跟踪结果精度

目标	总帧数	正确跟踪帧数	跟踪精度
目标 1	325	320	0.984
目标 2	81	81	0.999
目标 3	499	489	0.979
目标 4	969	960	0.990
目标 5	549	540	0.910

下面对跟踪测试加以详细分析。

目标 1 是吉林一号的影像数据，目标 2 是珠海一号的影像数据。在目标 1 和目标 2 的跟踪实验中，目标融于背景，海面上存在一层薄云。

图 5.15 分别为目标 1 在第 80 帧、第 160 帧、第 240 帧、第 320 帧的画面，依靠目视判别，目标在第 1 帧到第 320 帧被完全跟踪，在目标融于背景下也可以被完全跟踪。

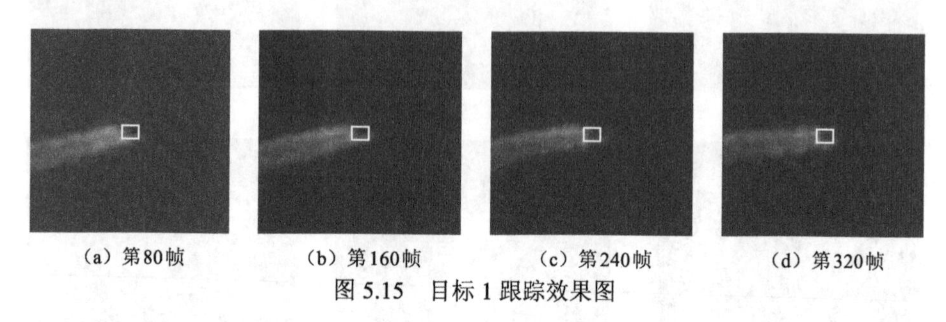

（a）第80帧　（b）第160帧　（c）第240帧　（d）第320帧

图 5.15　目标 1 跟踪效果图

图 5.16 分别为目标 2 在第 20 帧、第 40 帧、第 60 帧、第 80 帧的画面，依靠目视判别，目标在第 1 帧到第 81 帧被完全跟踪，在目标融于背景下也可以被完全跟踪。

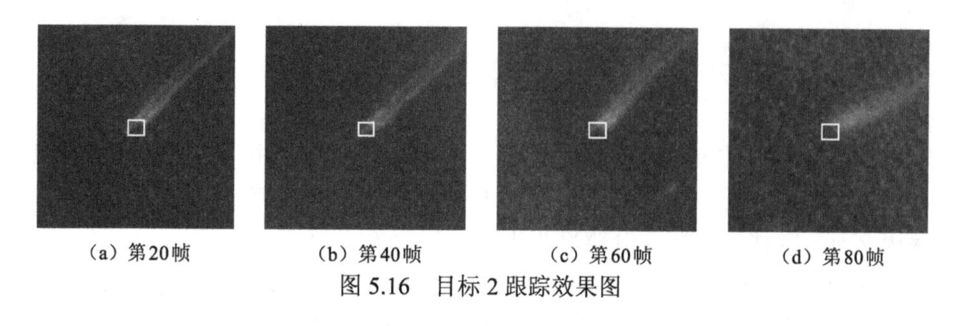

（a）第20帧　（b）第40帧　（c）第60帧　（d）第80帧

图 5.16　目标 2 跟踪效果图

目标 3 是吉林一号的影像数据，目标 4 是珠海一号的影像数据。在目标 3 和目标 4 的跟踪实验中，目标 3 运动状态变化大，最初目标转弯，后变为直线运动，且运动背景颜色逐渐发生变化；目标 4 最初运动较快，逐渐停止。

图 5.17 分别为目标 3 在第 118 帧、第 240 帧、第 360 帧、第 480 帧的画面，依靠目视判别，目标在第 1 帧到第 499 帧被完全跟踪，在目标运动状态发生变化下也可以被完全跟踪。

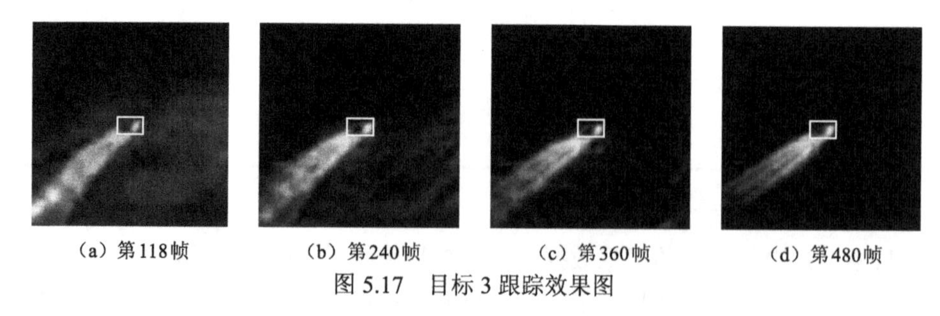

（a）第118帧　（b）第240帧　（c）第360帧　（d）第480帧

图 5.17　目标 3 跟踪效果图

图 5.18 分别为目标 4 在第 40 帧、第 200 帧、第 360 帧、第 520 帧的画面，依靠目视判别，目标在第 1 帧到第 969 帧被完全跟踪，在目标运动状态发生变化下也可以被完全跟踪。

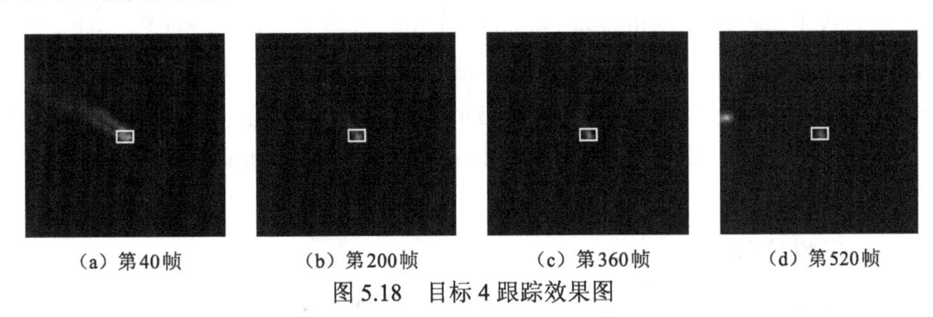

（a）第40帧　（b）第200帧　（c）第360帧　（d）第520帧

图 5.18　目标 4 跟踪效果图

在目标 5 的跟踪实验中，目标运动较慢，尾迹逐渐不明显，且运动背景颜色逐渐发生变化。图 5.19 分别为目标在第 20 帧、第 200 帧、第 400 帧、第 500 帧的画面，依靠目视判别，目标在第 1 帧到第 549 帧被完全跟踪，在目标缓慢运动下也可以被完全跟踪。

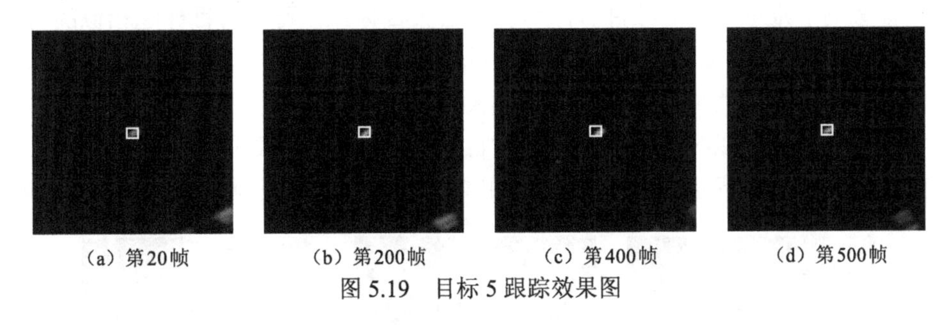

（a）第20帧　（b）第200帧　（c）第400帧　（d）第500帧

图 5.19　目标 5 跟踪效果图

5.4.3　目标跟踪效果分析

为进一步说明优化后的目标跟踪方法对卫星视频的有效性，通过与其他算法的结果进行比较来进行实验。在实验中，使用了 9 组吉林一号卫星视频数据集，分辨率为 1 m，跟踪目标为车辆。这些视频分为三组，具有不同的挑战性属性，即目标与背景相似度高、目标变向及短期遮挡，在视频卫星的分辨率下，目标大小约为 8×8 像素。实验使用 13 个经典的跟踪器进行比较实验，包括 L_1 范数加速近邻梯度（the L_1 tracker using accelerated proximal gradient approach，L1APG）、综合梯度特征 HOG 及颜色特征跟踪器算法（sum of template and pixel-wise learners，STAPLE）、多任务跟踪器（multi-task tracking，MTT）、卷积网络跟踪器（a convolutional network based tracker，CNT）、循环结构核（circulant structure kernel，CSK）、核化相关滤波器

（kernelized correlation filter，KCF）、基于稀疏度的协作模型（sparsity-based collaborative model，SCM），同时考虑空间可靠性和通道可靠性的跟踪算法（discriminative correlation filter tracker with channel and spatial reliability，CSR-DCF）、连续卷积算子跟踪器（continuous convolution operator tracker，CCOT）、在线鲁棒图像校准器（online robust image alignment，ORIA）、鲁棒性视觉增量学习跟踪器（incremental learning for robust visual tracking，IVT）、分区跟踪器（distribution fields for tracking，DFT）、生物仿真跟踪器（biologically inspired tracker，BIT）。比较不同跟踪器的跟踪精度、跟踪成功率。

1. 定性实验

由于卫星数据的分辨率较低，为了使图像美观，在定性实验中只选择了前 7 个比较好的跟踪算法。在大多数情况下，跟踪效果相似，因此实验展示图只显示了视频的几个典型帧进行分析，为了更好地可视化，在每个子图上标记了帧编号。

1）目标与背景相似

如图 5.20 所示，三组数据从上至下背景干扰性越强。明显看出目标与背景的相似性影响了跟踪器，导致部分跟踪算法丢失目标。在背景与目标越相似的实验中，会有更多的跟踪器丢失目标。这些方法大多从不同的对象和背景中提取要素，但对于车辆目标这类小目标来说没有太大效果。SCM 是最典型的例子，当物体或车辆与背景高度相似时，它没有完成对它们的跟踪。使用对目标特征的增强可以有效地增强目标与背景的差别，本节使用 Gabor 滤波进行处理可以增强跟踪效果。

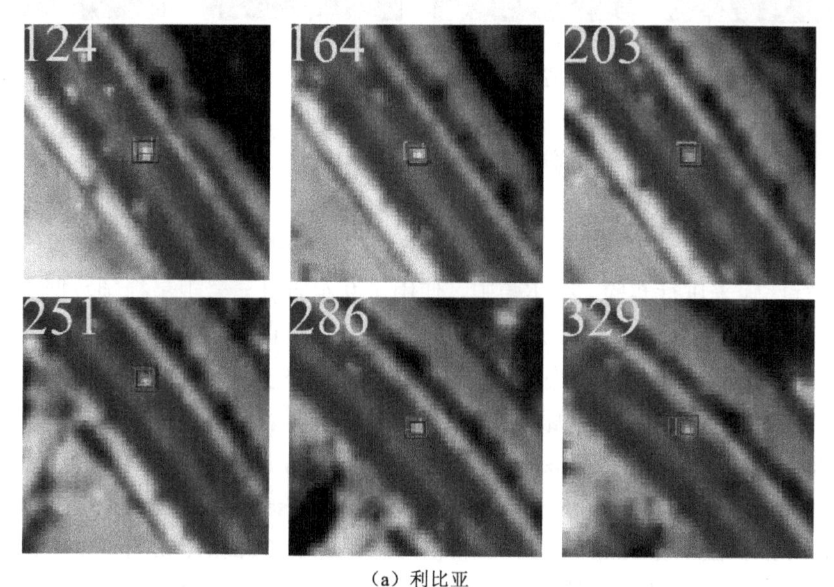

（a）利比亚

2017年5月20日，侧摆角2.125 6°，目标从图像底部移动到左上角

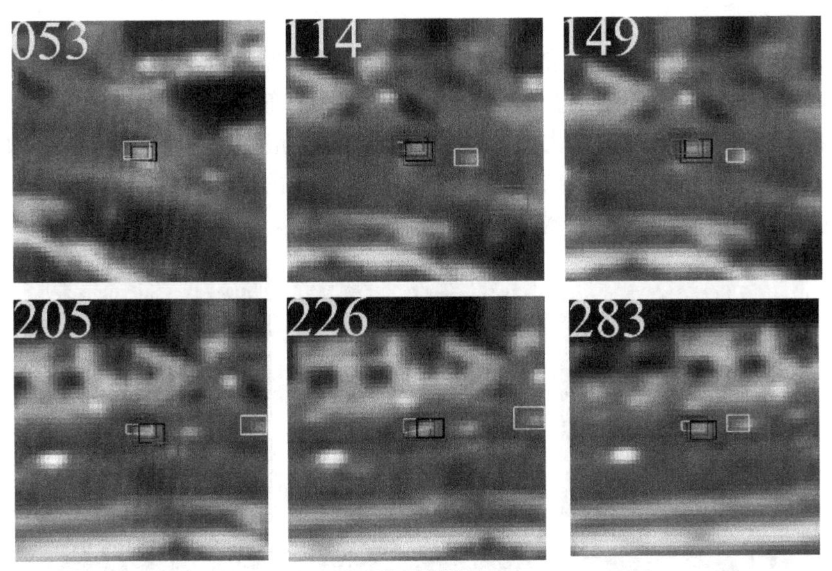

（b）巴伦西亚

2017年3月7日拍摄，侧摆角为1.650 1°，目标从右向左移动

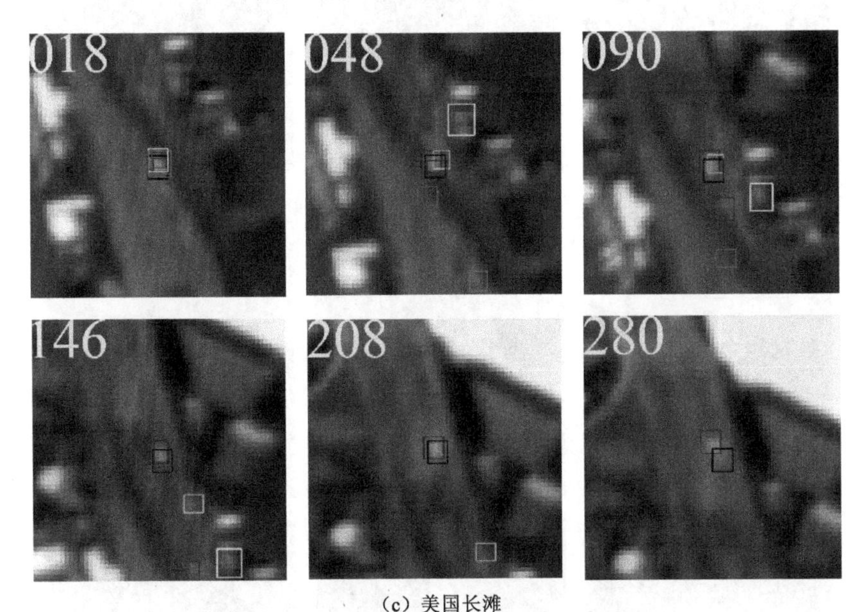

（c）美国长滩

2017年4月3日拍摄，侧摆角3.042 4°，目标从图像底部移动到顶部

本章方法　L1APG　STAPLE　CCOT　MTT　SCM　CNT

图 5.20　目标和背景相似的目标跟踪的实验结果

每个算法使用相应的颜色来标记目标

2）目标变向

图 5.21 显示了目标变向的实验结果。因为卫星视频目标的纹理信息较少，方向变化的影响较小。使用适合旋转的特征都可以准确跟踪目标，在此类场景中，目标变向时背景变化相对较大，一些算法表现出了跟踪漂移。当背景改变时，跟踪器需要更好的分辨能力。按照增加背景信息的方式来训练跟踪器，尽量减少背景变化下的影响，使得跟踪器有效地跟踪目标。

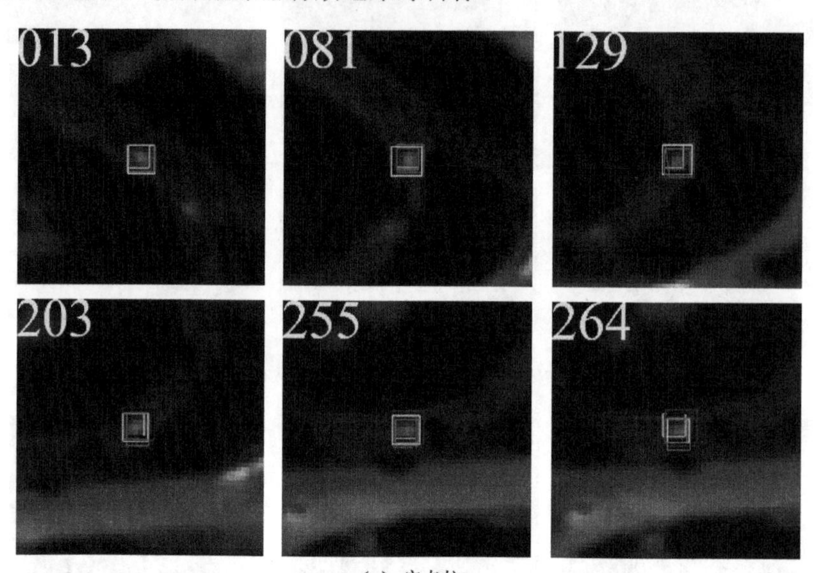

（a）安卡拉

2017年4月29日拍摄，侧摆角为14.702°，目标从上到下转弯

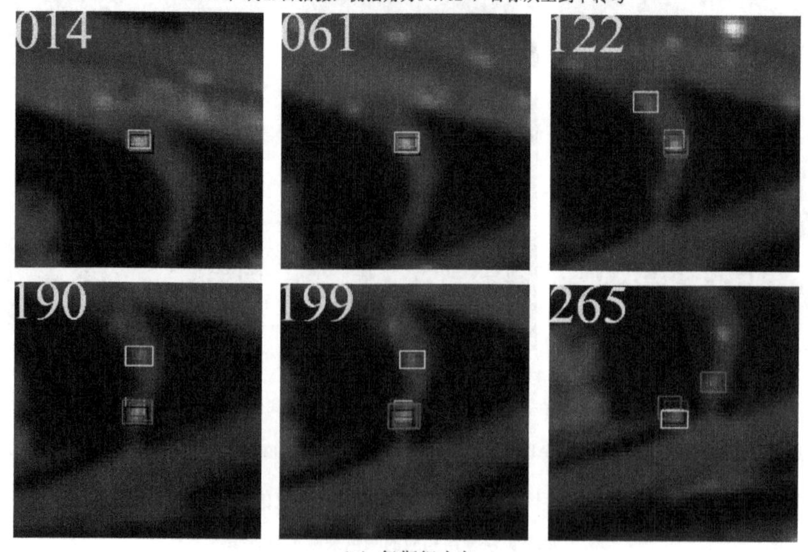

（b）伊斯坦布尔

2017年4月14日拍摄，侧摆角21.016°，目标从顶部向左下方移动

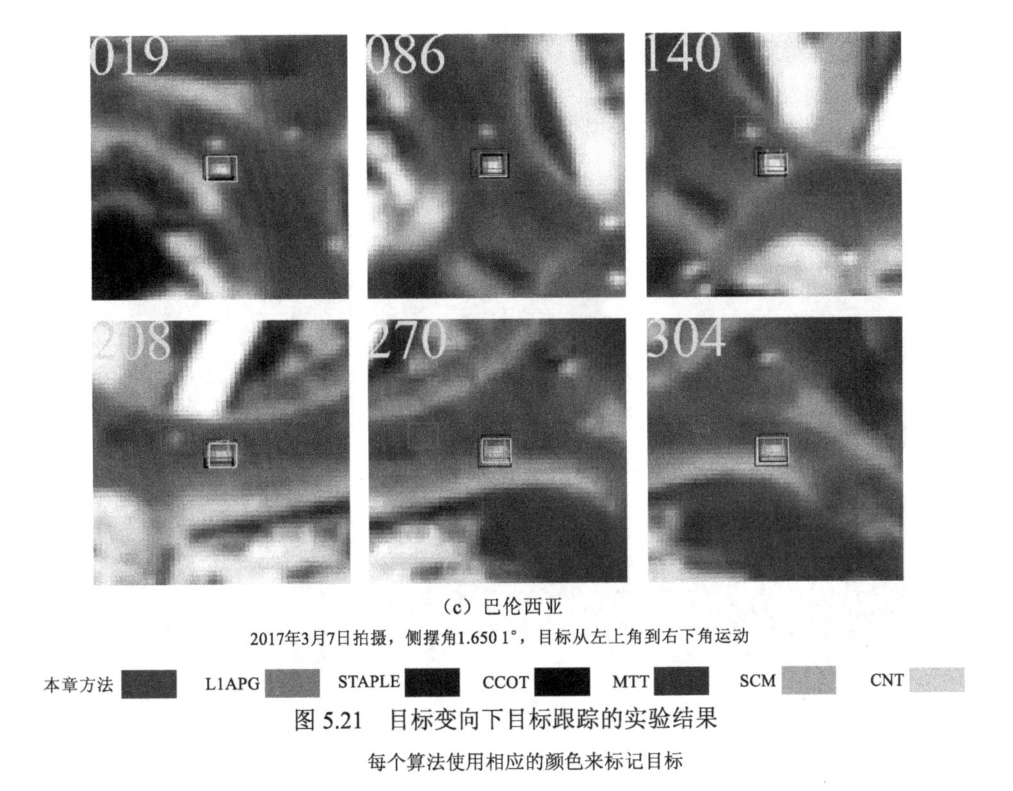

(c) 巴伦西亚

2017年3月7日拍摄，侧摆角1.650 1°，目标从左上角到右下角运动

图 5.21　目标变向下目标跟踪的实验结果

每个算法使用相应的颜色来标记目标

3）目标遮挡

当目标在运动过程中被遮挡时，目标会整个消失或部分消失一段时间，因此在这种情况下目标很容易丢失。这时的跟踪错误信息也会被加入目标跟踪器的更新中，导致误差的增加。图 5.22 中大多数算法丢失目标或表现出精度下降。当目标被遮挡几次后，一些跟踪器已经无法再抵抗遮挡干扰而跟丢。因此加入跟踪自我判断的能力是必要的。本节使用响应图的起伏情况判断目标的跟踪状态，并迅速避免错误信息，之后利用卫星视频目标运动的平滑特性估计目标的位置，确保在遮挡后的跟踪器跟踪精度。

2. 定量实验

在本节中，按照第 4 章中相同的评价方法评估本章的跟踪器和其他相关跟踪器的性能，为了方便统计，本章使用的跟踪器方法简称 WTIC。实验曲线颜色代表各个算法的成绩，红色曲线最为突出，代表最好的算法。定量评价采用两个标准：精度和成功率。

精度：中心位置误差小于预定义阈值的帧的百分比。中心位置误差指跟踪结果的中心与边界框的中心之间的距离。在本节中，将 3 像素设置为阈值。

成功率：跟踪区域和边界框的重叠率大于阈值的帧的百分比。通过大量的实验可知，当重叠率大于 0.5 时，成功率很容易受到标签误差的影响。因此，本节手动将成功率的阈值设置为 0.5。

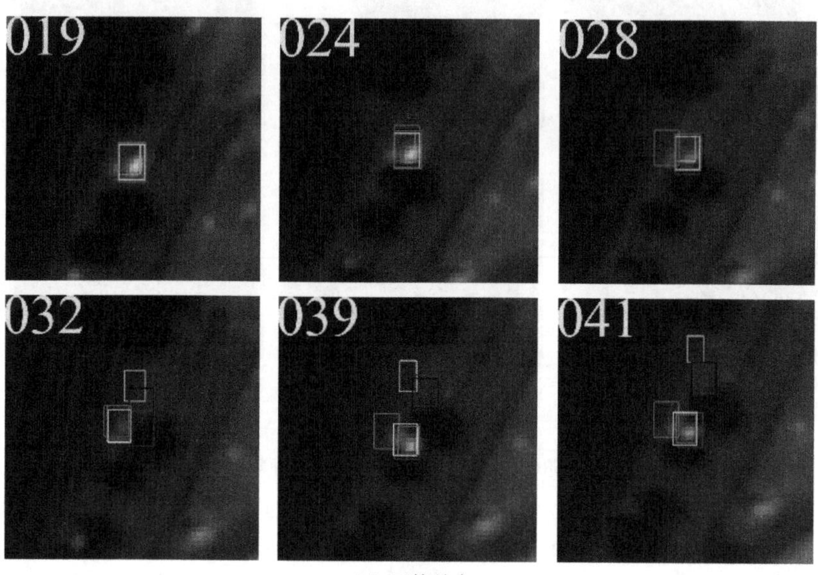

（a）亚特兰大

于2017年5月3日拍摄，侧摆角为-2.967 9°C，目标从右上向左下移动
遮挡从第 24 帧开始，到第 39 帧结束，目标在32帧上完全遮挡

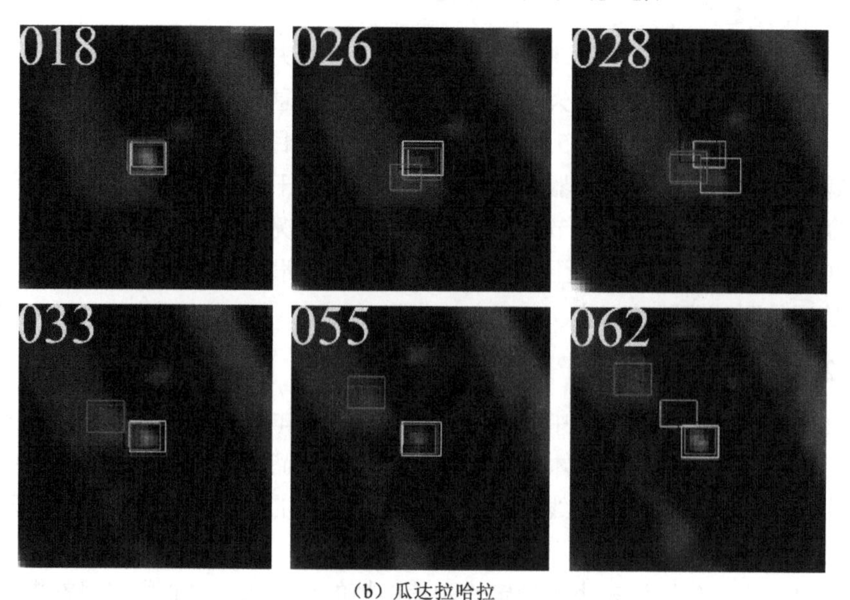

（b）瓜达拉哈拉

2017年4月2日拍摄，侧摆角为-33.174 2°，目标从左上移到右下角
遮挡从第26帧开始，在33帧上结束，车辆被第28帧的植被完全遮挡，之后同样，目标在第55帧的局部遮挡下，重新出现在第62帧

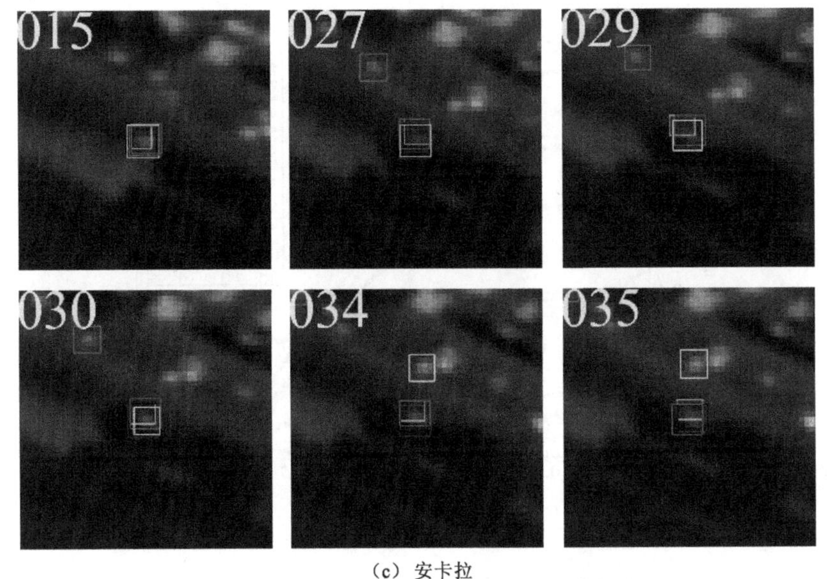

（c）安卡拉

2017年4月29日拍摄，侧摆角为14.702°。目标从左上角向右移动
目标在第 15 帧开始进入遮挡，在第27、29帧被遮挡，并在第34帧重新出现

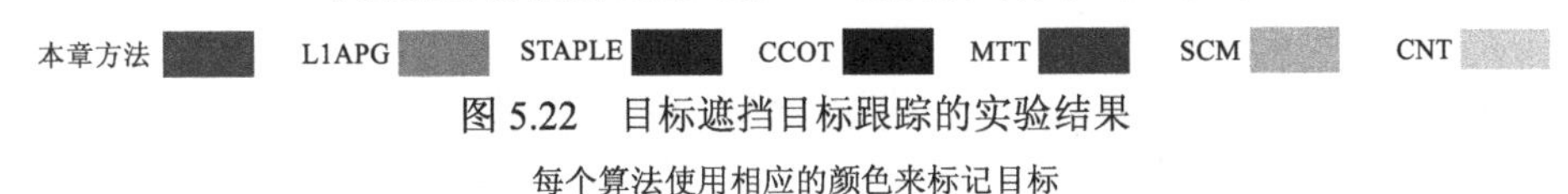

图 5.22　目标遮挡目标跟踪的实验结果

每个算法使用相应的颜色来标记目标

1）整体性能

图 5.23 显示了多个跟踪器算法。本章方法（WTIC）成功率和精度为最佳。WTIC 的成功率为 0.611。但是，作为 WTIC 基础的 CSK 算法并未出现在前十个算法中。这表明算法的优化方法对卫星视频的适用性很高。

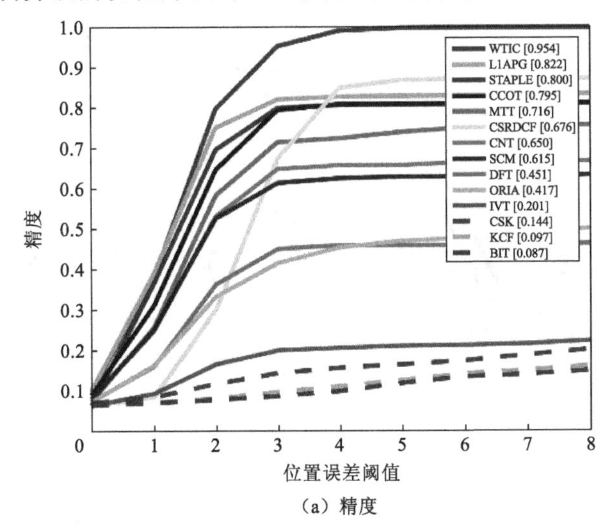

（a）精度

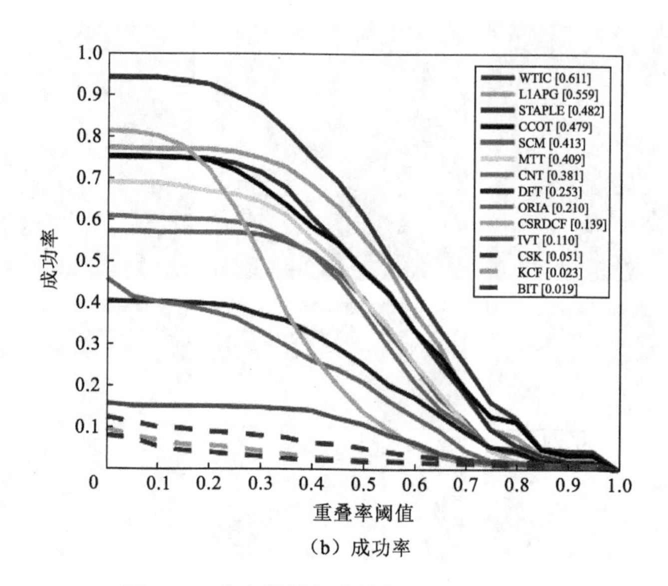

（b）成功率

图 5.23　本章算法与其他算法的整体性能

2）目标和背景相似

为了进一步评价 WTIC，在不同实验条件下将其与其他算法进行比较。图 5.24 显示了目标和背景相似下的实验结果，这在卫星视频中最为常见。在所有跟踪算法中，WTIC 在精度和成功率方面排名第一。WTIC 的精度和成功率为 0.959 和 0.512，均高于排名第二的算法。

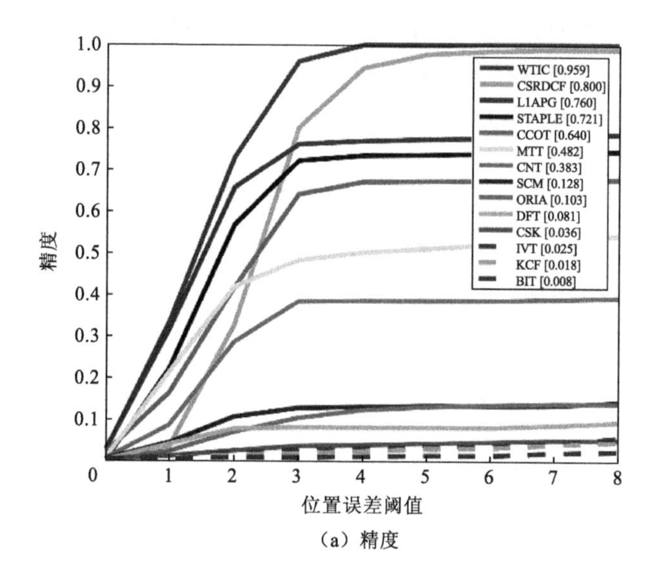

（a）精度

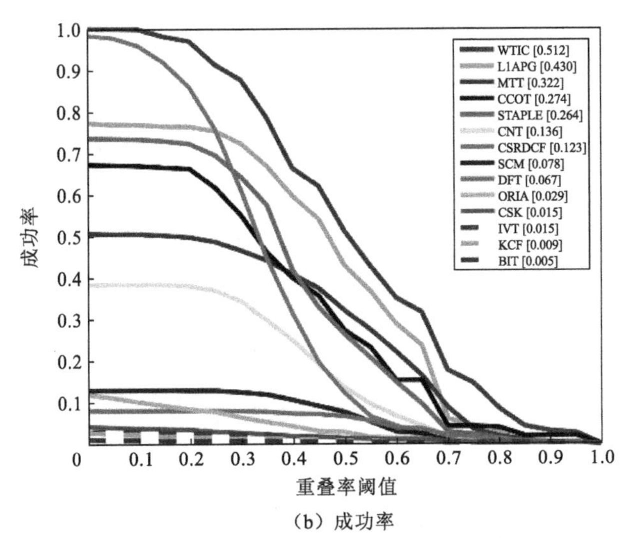

（b）成功率

图 5.24　目标和背景相似场景下算法的性能

3）目标变向

图 5.25 显示了目标运动方向变化的结果。在所有实验跟踪算法中，本章的算法在精度和成功率上均名列第一（分别为 0.998 和 0.773）。

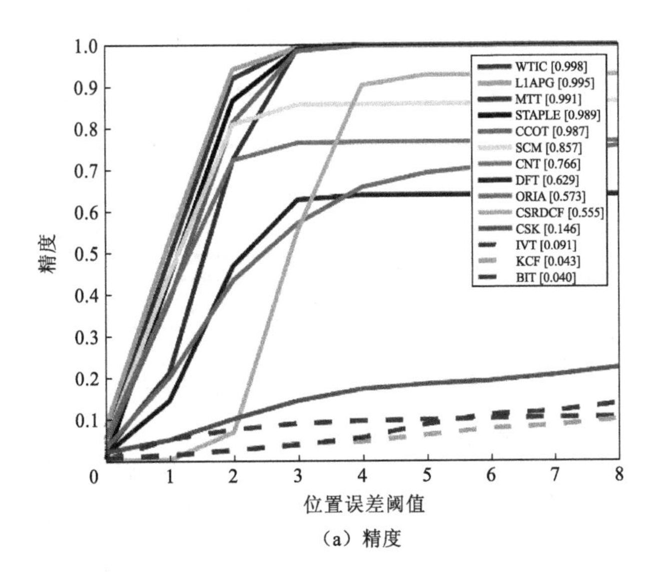

（a）精度

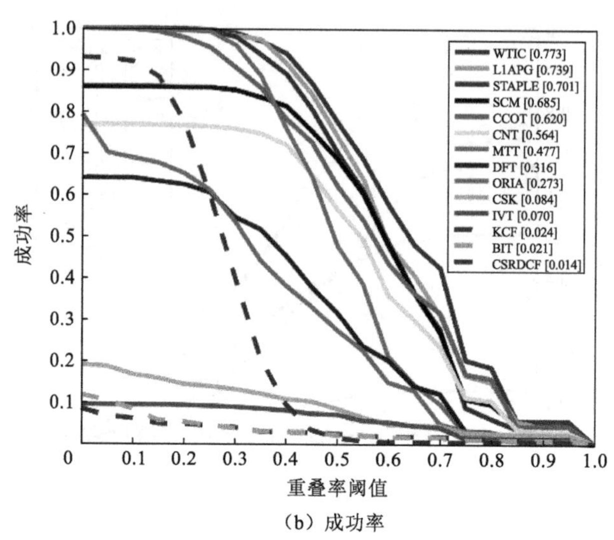

（b）成功率

图 5.25　目标变向场景下算法的性能

4）目标遮挡

图 5.26 显示了目标遮挡的结果。同样，WTIC 在精度和成功率上均名列第一（分别为 0.905 和 0.548）。在目标遮挡期间，目标会在短时间内消失，跟踪算法将误差样本引入训练。本章方法可以正确引入训练样本，确保在目标丢失后保证正确的更新，并根据卫星视频中目标轨迹的平滑特性，使用目标运动信息预测遮挡后目标的下一个位置，实验结果表明，该算法能有效避免目标遮挡。

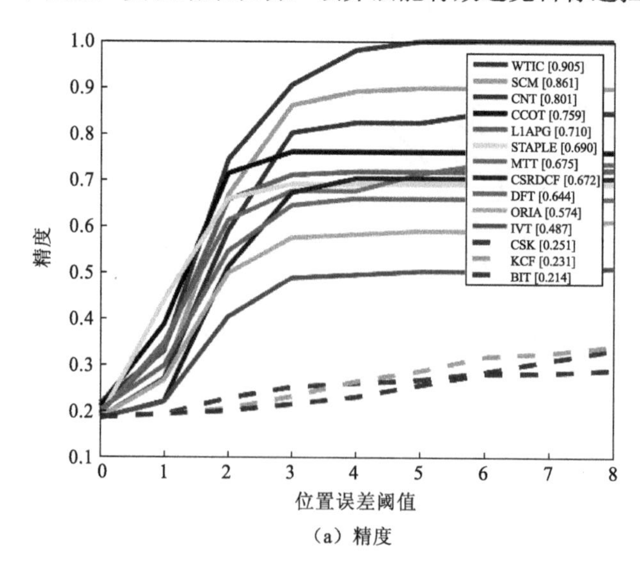

（a）精度

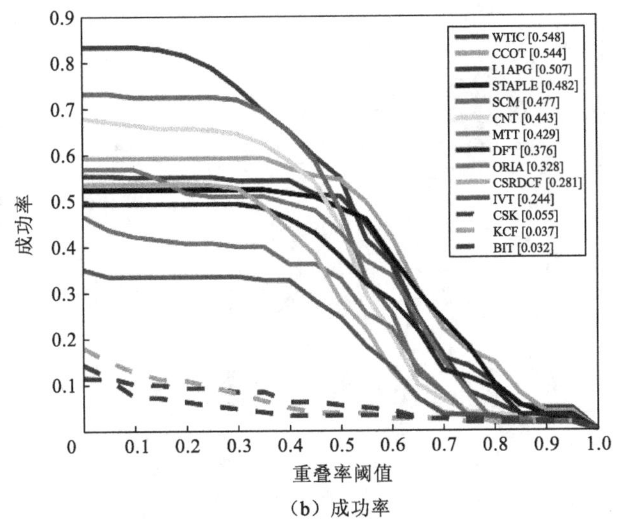

（b）成功率

图 5.26　目标遮挡场景下算法的性能

5.4.4　运动目标状态估计

实验根据地面目标真实运动轨迹估算结果，验证视频卫星定位结算的目标状态精度。卫星数据使用珠海一号影像数据，拍摄区域在山东省烟台市，地处山东半岛东北部，为沿海区域，37.60°～37.56° N，121.37°～121.49° E，东西向 10.5979 km，南北向 4.45 km。珠海一号影像数据：分辨率为 2 m，帧率为 1 帧/s，跟踪目标为 1 艘船只。使用船载 GPS，采用 PPP 模式进行观测，采样间隔为 1 s，方解算精度 0.1 m，其作为地面真值来测试实验方法精度。图 5.27～图 5.29 分别为实验时的相关仪器与拍摄范围。

图 5.27　实验渔船

2 艘（长约 20 m，宽约 7 m）

图 5.28　船载 GPS

图 5.29　观测范围

吉林一号 GPS 数据出现卫星丢失，因此采用珠海一号视频数据

如图 5.30 所示为珠海一号拍摄时间段内移动船只在每一时刻的地面测量值及其拟合轨迹，其中横轴为 y 方向，纵轴为 x 方向，单位为 m。

图 5.31 为船只在每帧上的点坐标及利用该散点拟合成的运动轨迹，其中横轴为 y 方向，纵轴为 x 方向，单位为 m，时间从第 1 s 开始到第 30 s。

速度估计根据两方向的速度值来解算，将其与地面测量数据的速度值进行比较来评价精度。如表 5.4 所示，基于珠海一号影像数据轨迹的船只速度中误差 0.34 m/s，相对误差 8.24%，说明本章的运动速度估计方法具有较高的精度。

方向估计根据两方向的速度值的夹角来解算，然后与地面测量数据的方向值进行比较来评价精度。如表 5.5 所示，基于珠海一号影像数据轨迹的船只方向中误差为 1.19°，相对误差为 0.38%，说明本章的运动方位估计方法具有较高的精度。

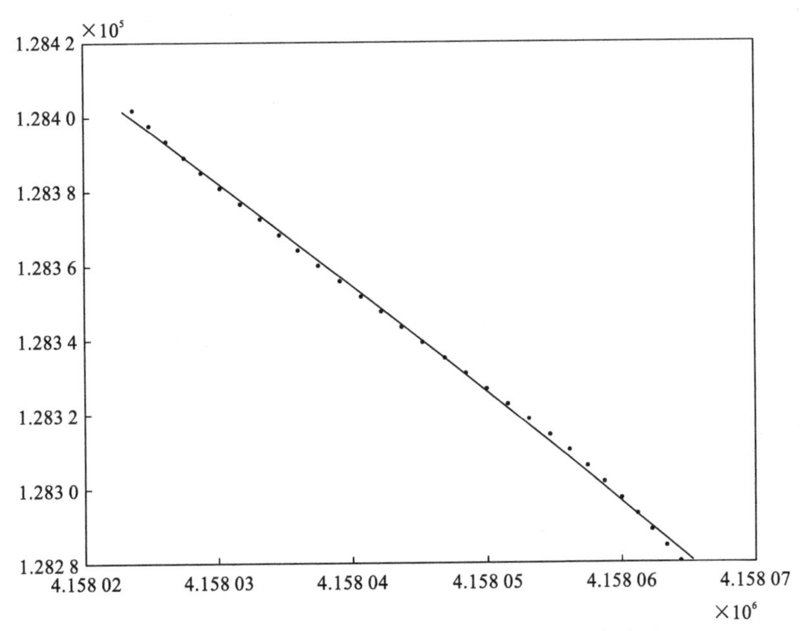

图 5.30　珠海一号卫星拍摄时段内船只的真实轨迹

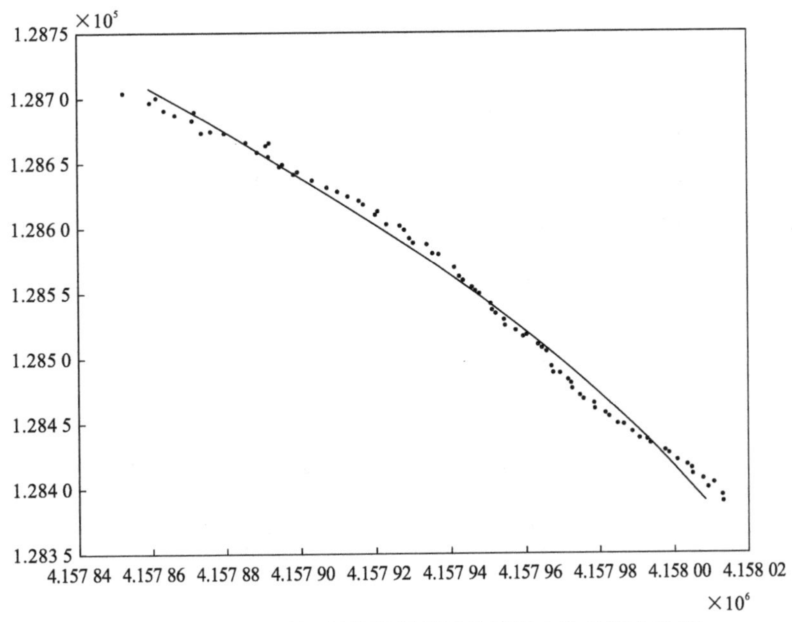

图 5.31　珠海一号视频星数据船只的跟踪点位及拟合轨迹

表 5.4　速度值残差及其中误差

时刻/s	真值速度 /（m/s）	估计速度 /（m/s）	残差 /（m/s）	相对误差/%	中误差 /（m/s）	相对误差/%
1	4.42	4.00	0.42	10.56	0.34	8.24
2	4.42	4.00	0.42	10.40		
3	4.42	4.01	0.41	10.25		
4	4.42	4.02	0.41	10.09		
5	4.42	4.02	0.40	9.93		
6	4.42	4.03	0.39	9.77		
7	4.42	4.03	0.39	9.61		
8	4.42	4.04	0.38	9.45		
9	4.42	4.05	0.38	9.29		
10	4.42	4.05	0.37	9.13		
11	4.42	4.06	0.36	8.97		
12	4.42	4.07	0.36	8.81		
13	4.42	4.07	0.35	8.65		
14	4.42	4.08	0.35	8.49		
15	4.42	4.08	0.34	8.33		
16	4.42	4.09	0.33	8.16		
17	4.43	4.10	0.33	8.00		
18	4.43	4.10	0.32	7.84		
19	4.43	4.11	0.32	7.68		
20	4.43	4.12	0.31	7.52		
21	4.43	4.12	0.30	7.36		
22	4.43	4.13	0.30	7.19		
23	4.43	4.14	0.29	7.03		
24	4.43	4.14	0.28	6.87		
25	4.43	4.15	0.28	6.71		
26	4.43	4.16	0.27	6.55		
27	4.43	4.17	0.27	6.39		
28	4.43	4.17	0.26	6.22		
29	4.43	4.18	0.25	6.06		
30	4.43	4.19	0.25	5.90		

表 5.5　方向值残差及其中误差

时刻/s	真值角度/rad	估计角度/rad	残差/rad	相对误差/%	中误差/(°)	相对误差/%
1	5.00	5.01	0.00	0.09	1.19	0.38
2	5.01	5.01	-0.01	0.11		
3	5.01	5.02	-0.01	0.14		
4	5.01	5.02	-0.01	0.16		
5	5.01	5.02	-0.01	0.18		
6	5.02	5.03	-0.01	0.20		
7	5.02	5.03	-0.01	0.22		
8	5.02	5.03	-0.01	0.24		
9	5.02	5.04	-0.01	0.26		
10	5.03	5.04	-0.01	0.28		
11	5.03	5.04	-0.02	0.30		
12	5.03	5.05	-0.02	0.32		
13	5.04	5.05	-0.02	0.34		
14	5.04	5.06	-0.02	0.36		
15	5.04	5.06	-0.02	0.38		
16	5.04	5.06	-0.02	0.39		
17	5.05	5.07	-0.02	0.41		
18	5.05	5.07	-0.02	0.43		
19	5.05	5.07	-0.02	0.45		
20	5.05	5.08	-0.02	0.46		
21	5.06	5.08	-0.02	0.48		
22	5.06	5.08	-0.03	0.50		
23	5.06	5.09	-0.03	0.52		
24	5.06	5.09	-0.03	0.53		
25	5.07	5.10	-0.03	0.55		
26	5.07	5.10	-0.03	0.56		
27	5.07	5.10	-0.03	0.58		
28	5.08	5.11	-0.03	0.59		
29	5.08	5.11	-0.03	0.61		
30	5.08	5.11	-0.03	0.63		

参 考 文 献

侯志强, 韩崇昭, 2006. 视觉跟踪技术综述. 自动化学报, 32(4): 603-617.

魏全禄, 老松杨, 白亮, 2016. 基于相关滤波器的视觉目标跟踪综述. 计算机科学, 43(11): 1-5, 18.

尹宏鹏, 陈波, 柴毅, 等, 2016. 基于视觉的目标检测与跟踪综述. 自动化学报, 42(10): 1466-1489.

BOLME D S, BEVERIDGE J R, DRAPER B A, et al., 2010. Visual object tracking using adaptive correlation filters// Proc. CVPR, San Francisco, CA, USA, 2010.

DANELLJAN M, KHAN F S, FELSBERG M, et al., 2014. Adaptive color attributes for real-time visual tracking// IEEE Conference on Computer Vision & Pattern Recognition. IEEE: 1090-1097.

GROSSBERG S, 1987. Competitive learning: From interactive activation to adaptive resonance. Cognitive Science A Multidisciplinary Journal, 11(1): 23-63.

HAN Y Q, DENG C W, ZHAO B J, et al., 2019. State-aware anti-drift object tracking. IEEE Transactions on Image Processing: 4075-4086.

HENRIQUES J F, CASEIRO R, MARTINS P, 2012. Exploiting the circulant structure of tracking-by-detection with kernels//Proceedings of the 12th European conference on Computer Vision-Volume Part IV. Berlin: Springer.

JOÃO F H, CASEIRO R, MARTINS P, et al., 2015. High-speed tracking with kernelized correlation filters. IEEE Transactions on Pattern Analysis and Machine Intelligence, 37(3): 583-596.

MIGUEL L O, JOÃO P B, 2012. Tracking feature points in uncalibrated images with radial distortion// Proceedings of the 12th European conference on Computer Vision-Volume Part IV. Berlin: Springer.

WANG N Y, SHI J P, YEUNG D Y, 2015. Understanding and diagnosing visual tracking systems// 2015 IEEE International Conference on Computer Vision: 3101-3109.

ZDENEK K, MIKOLAJCZYK K, MATAS J, 2011. Tracking-learning-detection. IEEE Transactions on Software Engineering, 34(7): 1409-1422.

第 6 章　光学卫星视频三维重建

光学视频卫星的凝视成像能力，能够实现对某一固定区域的连续多角度高帧频动态观测，可以用于该区域地理空间环境的三维重建。本章将主要介绍光学卫星视频影像定向、密集匹配、三维模型生成方法。通过吉林一号、高分九号等获取的多角度光学（类）视频帧序列影像，实现光学卫星视频的数字表面模型自动生成，验证本章方法的有效性。

6.1　光学卫星视频影像定向

光学卫星视频影像定向的作用是恢复卫星拍摄时的空间位姿，实现视频影像高精度三维定位，是进行三维重建的基础。目前，光学卫星视频影像的 1 级产品普遍都附带有有理函数模型（rational function model，RFM），通常采用基于 RFM 的立体定向，主要技术手段是对定向参数进行区域网平差，消除系统误差对定向精度的影响。可以分为按系统误差的物方补偿和像方补偿两种。物方方案的平差以单个立体模型为基本单元，把模型坐标作为观测值，采用独立模型法平差思想，计算出各单模型的改正参数（刘军，2003）。像方方案则以单景影像作为平差单元，将像点坐标作为观测值，本章主要采用基于像方系统误差补偿方案（李德仁 等，2006）。RFM 模型的像方补偿模型可以表示为

$$\begin{cases} R = \dfrac{\mathrm{Num_L}(X,Y,Z)}{\mathrm{Den_L}(X,Y,Z)} + R_{\mathrm{off}}, \quad R_{\mathrm{off}} = e_0 + e_1 R + e_2 C \\ C = \dfrac{\mathrm{Num_L}(X,Y,Z)}{\mathrm{Den_L}(X,Y,Z)} + C_{\mathrm{off}}, \quad C_{\mathrm{off}} = f_0 + f_1 R + f_2 C \end{cases} \tag{6.1}$$

相关参数形式类比式（2.60），在上式基础上，将像方补偿的仿射项参数(e_0,e_1,e_2)和(f_0,f_1,f_2)作为未知数与地面点坐标未知数整体求解，得到基于 RFM 模型的光束法平差误差方程式：

$$
\begin{bmatrix} v_R \\ v_C \end{bmatrix} = \begin{bmatrix} \frac{\partial R}{\partial e_0} & \frac{\partial R}{\partial e_1} & \frac{\partial R}{\partial e_2} & 0 & 0 & 0 & \frac{\partial R}{\partial X} & \frac{\partial R}{\partial Y} & \frac{\partial R}{\partial Z} \\ 0 & 0 & 0 & \frac{\partial C}{\partial f_0} & \frac{\partial C}{\partial f_1} & \frac{\partial C}{\partial f_2} & \frac{\partial C}{\partial X} & \frac{\partial C}{\partial Y} & \frac{\partial C}{\partial Z} \end{bmatrix} \begin{bmatrix} \Delta e_0 \\ \Delta e_1 \\ \Delta e_2 \\ \Delta f_0 \\ \Delta f_1 \\ \Delta f_2 \\ \Delta X \\ \Delta Y \\ \Delta Z \end{bmatrix} - \begin{bmatrix} R & -\hat{R} \\ C & -\hat{C} \end{bmatrix} \tag{6.2}
$$

式中：$\boldsymbol{V}=[v_R \ \ v_C]^{\mathrm{T}}$ 为像点行、列坐标观测值残差向量；$\boldsymbol{t}=[\Delta e_0 \ \ \Delta e_1 \ \ \Delta e_2 \ \ \Delta f_0 \ \ \Delta f_1 \ \ \Delta f_2]^{\mathrm{T}}$ 为像点坐标系统误差补偿参数增量向量；$\boldsymbol{x}=[\Delta X \ \ \Delta Y \ \ \Delta Z]^{\mathrm{T}}$ 为目标点的物方空间坐标增量向量；

$$
\boldsymbol{A} = \begin{bmatrix} \frac{\partial R}{\partial e_0} & \frac{\partial R}{\partial e_1} & \frac{\partial R}{\partial e_2} & 0 & 0 & 0 \\ 0 & 0 & 0 & \frac{\partial R}{\partial f_0} & \frac{\partial R}{\partial f_1} & \frac{\partial R}{\partial f_2} \end{bmatrix} = \begin{bmatrix} 1 & x & y & 0 & 0 & 0 \\ 0 & 0 & 0 & 1 & x & y \end{bmatrix}, \quad \boldsymbol{B} = \begin{bmatrix} \frac{\partial R}{\partial X} & \frac{\partial R}{\partial Y} & \frac{\partial R}{\partial Z} \\ \frac{\partial C}{\partial X} & \frac{\partial C}{\partial Y} & \frac{\partial C}{\partial Z} \end{bmatrix}
$$

具体形式如下：

$$
\frac{\partial R}{\partial X} = R_{\mathrm{s}} \frac{\partial F_r}{\partial X} = R_{\mathrm{s}} \frac{\partial F_r}{\partial X_n} \cdot \frac{\partial X_n}{\partial X} = \frac{R_{\mathrm{s}}}{X_{\mathrm{s}}} \cdot \frac{\partial F_r}{\partial X_n} = \frac{R_{\mathrm{s}}}{X_{\mathrm{s}}} \cdot \frac{\frac{\partial P_1}{\partial X_n} P_2 - \frac{\partial P_2}{\partial X_n} P_1}{P_2^2}
$$

$$
\frac{\partial R}{\partial Y} = R_{\mathrm{s}} \frac{\partial F_r}{\partial Y} = R_{\mathrm{s}} \frac{\partial F_r}{\partial Y_n} \cdot \frac{\partial Y_n}{\partial Y} = \frac{R_{\mathrm{s}}}{Y_{\mathrm{s}}} \cdot \frac{\partial F_r}{\partial Y_n} = \frac{R_{\mathrm{s}}}{Y_{\mathrm{s}}} \cdot \frac{\frac{\partial P_1}{\partial Y_n} P_2 - \frac{\partial P_2}{\partial Y_n} P_1}{P_2^2}
$$

$$
\frac{\partial R}{\partial Z} = R_{\mathrm{s}} \frac{\partial F_r}{\partial Z} = R_{\mathrm{s}} \frac{\partial F_r}{\partial Z_n} \cdot \frac{\partial Z_n}{\partial Z} = \frac{R_{\mathrm{s}}}{Z_{\mathrm{s}}} \cdot \frac{\partial F_r}{\partial Z_n} = \frac{R_{\mathrm{s}}}{Z_{\mathrm{s}}} \cdot \frac{\frac{\partial P_1}{\partial Z_n} P_2 - \frac{\partial P_2}{\partial Z_n} P_1}{P_2^2}
$$

$$
\frac{\partial C}{\partial X} = C_{\mathrm{s}} \frac{\partial F_c}{\partial X} = C_{\mathrm{s}} \frac{\partial F_c}{\partial X_n} \cdot \frac{\partial X_n}{\partial X} = \frac{C_{\mathrm{s}}}{X_{\mathrm{s}}} \cdot \frac{\partial F_c}{\partial X_n} = \frac{C_{\mathrm{s}}}{X_{\mathrm{s}}} \cdot \frac{\frac{\partial P_3}{\partial X_n} P_4 - \frac{\partial P_4}{\partial X_n} P_3}{P_4^2}
$$

$$
\frac{\partial C}{\partial Y} = C_{\mathrm{s}} \frac{\partial F_c}{\partial Y} = C_{\mathrm{s}} \frac{\partial F_c}{\partial Y_n} \cdot \frac{\partial Y_n}{\partial Y} = \frac{C_{\mathrm{s}}}{Y_{\mathrm{s}}} \cdot \frac{\partial F_c}{\partial Y_n} = \frac{C_{\mathrm{s}}}{Y_{\mathrm{s}}} \cdot \frac{\frac{\partial P_3}{\partial Y_n} P_4 - \frac{\partial P_4}{\partial Y_n} P_3}{P_4^2}
$$

$$
\frac{\partial C}{\partial Z} = C_{\mathrm{s}} \frac{\partial F_c}{\partial Z} = C_{\mathrm{s}} \frac{\partial F_c}{\partial Z_n} \cdot \frac{\partial Z_n}{\partial Z} = \frac{C_{\mathrm{s}}}{Z_{\mathrm{s}}} \cdot \frac{\partial F_c}{\partial Z_n} = \frac{C_{\mathrm{s}}}{Z_{\mathrm{s}}} \cdot \frac{\frac{\partial P_3}{\partial Z_n} P_4 - \frac{\partial P_4}{\partial Z_n} P_3}{P_4^2}
$$

$\boldsymbol{l}=\begin{bmatrix} R-R^0 \\ C-C^0 \end{bmatrix}$，其中 (R^0,C^0) 为利用未知数的近似值代入计算出的像点行、列坐标。F_r、F_c 为有理多项式；X_n、Y_n、Z_n 为地面点正则化坐标；R_s、C_s、X_s、Y_s、Z_s 为正则化比例系数。

每一个像点均可建立两个误差方程，当量测了足够多的像点时，就可以根据最小二乘平差原理形成法方程：

$$\begin{bmatrix} \boldsymbol{A}^{\mathrm{T}}\boldsymbol{A} & \boldsymbol{A}^{\mathrm{T}}\boldsymbol{B} \\ \boldsymbol{B}^{\mathrm{T}}\boldsymbol{A} & \boldsymbol{B}^{\mathrm{T}}\boldsymbol{B} \end{bmatrix}\begin{bmatrix} \boldsymbol{t} \\ \boldsymbol{x} \end{bmatrix}=\begin{bmatrix} \boldsymbol{A}^{\mathrm{T}}\boldsymbol{l} \\ \boldsymbol{B}^{\mathrm{T}}\boldsymbol{l} \end{bmatrix} \tag{6.3}$$

基于该法方程可以按照光束法区域网平差中大规模法方程解算策略进行求解（李德仁 等，1992），这里不再赘述。

6.2　光学卫星视频密集匹配

视频卫星影像的密集匹配是制约三维重建数据处理的瓶颈问题。影像匹配问题受诸多因素的影响，但影像间的几何和辐射变形对其影响较为突出。目前，在计算机视觉界和摄影测量界最为成熟和使用最多的密集匹配算法是多级匹配（semi-global matching，SGM）算法和多视匹配（patch-based multi-view stereo software，PMVS）算法。SGM 算法在核线影像上进行匹配，优点是速度快，但缺点是只能处理连续影像对（李迎松，2018）。PMVS 算法可以同时处理多个具有重叠的影像，优点是可以汇聚所有影像的信息并加入法向量约束等先验知识特点，但匹配速度相比 SGM 匹配算法较慢（李佩峻，2019）。因此，综合两种算法的优点，本节针对光学卫星视频卫星密集匹配处理方法选择先进行 SGM 算法粗匹配、然后进行 PMVS 算法精匹配的形式，发挥两者的优势，从精度和效率两方面提高光学卫星视频数据的处理能力。

6.2.1　基于 SGM 的多级密集匹配

半全局匹配算法基于全局匹配能量函数简化得到。对于一种匹配可能，全局能量函数定义为

$$E(D)=\sum_p\left(C(p,D_p)+\sum_{q\in N_p}P_1T\left[\left|D_p-D_q\right|=1\right]+\sum_{q\in N_p}P_2T\left[\left|D_p-D_q\right|>1\right]\right) \tag{6.4}$$

式中：P_1、P_2 为惩罚系数；第一项 $C(p, D_p)$表示对于像素 p，视差为 D_p 时的不相似性代价；第二项表示像素 p 取视差 D_p 与邻域内的点 q 取视差 D_p 时，视差较为

1 的惩罚性代价；第三项表示像素 p 取视差 D_p 与邻域内的点 q 取视差 D_p 时，视差较大于 1 的惩罚性代价。

最优全局匹配的目标是最小化能量函数 $E(D)$。虽然最小割优化方法能够获得全局最优解，但计算代价很高。半全局算法把全局算法简化为多个方向代价函数的累积，通过 8 个或 16 个方向代价的和得到近似全局最优的匹配结果。

$$\begin{aligned} L_r(p,d) = C(p,d) + \min(&L_r(p-r,d), L_r(p-r,d-1) + P_1, \\ &L_r(p-r,d+1) + P_1, \min_i L_r(p-r,i) + P_2) \end{aligned} \tag{6.5}$$

如图 6.1（b）所示，代价函数在 8 个方向进行累加。如式（6.5）所示，在每条累积路径上，本点当前视差的累积代价与本点代价和路径上前一个像素的累积代价及视差相关。做法是从前一个像素的视差和本点视差的视差较取为 0、1 或大于 1 三种情况下挑出最小者作为累积量。如果视差较为 0，则累积量为前一像素的代价；如果视差较为 1，则累积量为前一像素的代价加上惩罚因子 P_1；如果视差较大于 1，则累积量为前一像素所有视差代价的最小者加上惩罚因子 P_2。

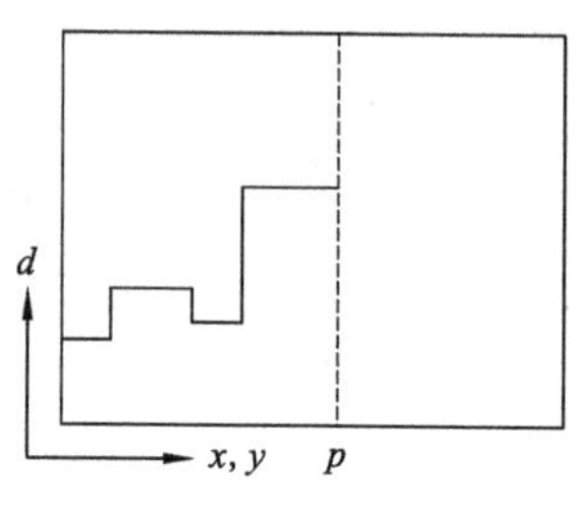

（a）视差最小代价曲线

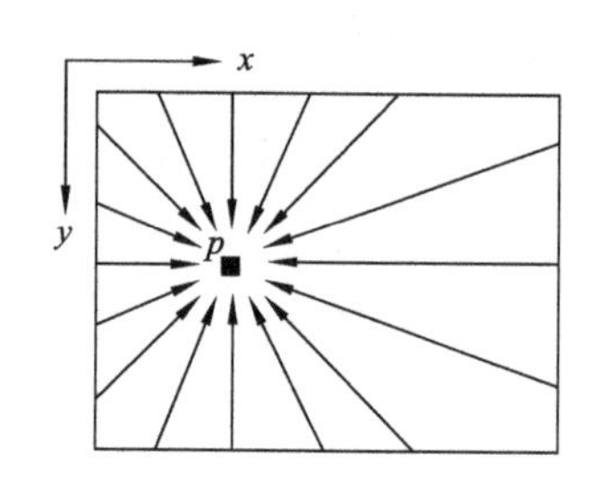

（b）16方向路径代价

图 6.1　视差最小代价曲线和 16 方向路径代价示意图

对于每一像元，最后的代价为 8 个方向代价和。如图 6.1（a）所示，代价和最小的视差被认为是当前像元的正确匹配视差。

SGM 算法的优化思路是根据影像的纹理和影像的信噪比，动态地修改匹配代价和视差代价。如根据像元灰度梯度的大小，调整惩罚因子 P_2，使陡坎、建筑物的边界不被平衡，同时抑制纹理缺乏区的视差波动。另一个思路是，考虑纹理缺乏区相似性测度的可靠性。如设定一个灰度阈值，认为一定灰度差内的像素是一致的。

SGM 算法是一个逐像素匹配的算法，对内存的需求很大。为了提高内存使用效率，提高匹配的速度，采用多级金字塔匹配的策略和分块匹配的策略，通过逐级匹配减少每一级匹配的搜索范围，提高匹配的速度和内存使用效率。

1. 多级匹配策略

原始的 SGM 算法需要很大的空间来存储不同视差的代价。地形起伏或建筑物的高度越高，需要处理的视差越大，则所需的存储空间呈线性增长。对于 300 m 的地形起伏，如果高程分辨率为 3 m（假设基高比为 1∶1），需要匹配的影像范围为 4 096×4 096 像素，则每个像素每条路径上要存储的数据为 4 096×4 096×100×2 b，8 个路径总共为 25 600 MB。1 024×1 024 的影像块也需要 1 600 MB 的空间。加上其他内存需求，普通 4 GB 内存能够处理的最大影像只能为 1 024×1 024 像素左右，对于更大的地形将无法处理。

如图 6.2 所示，多级处理策略将每一级匹配范围限制在一定的限度内，通过逐级传递，自适应确定每个像素的匹配视差范围。可在减少内存需求的同时，加快匹配的速度，并减少匹配的粗差。

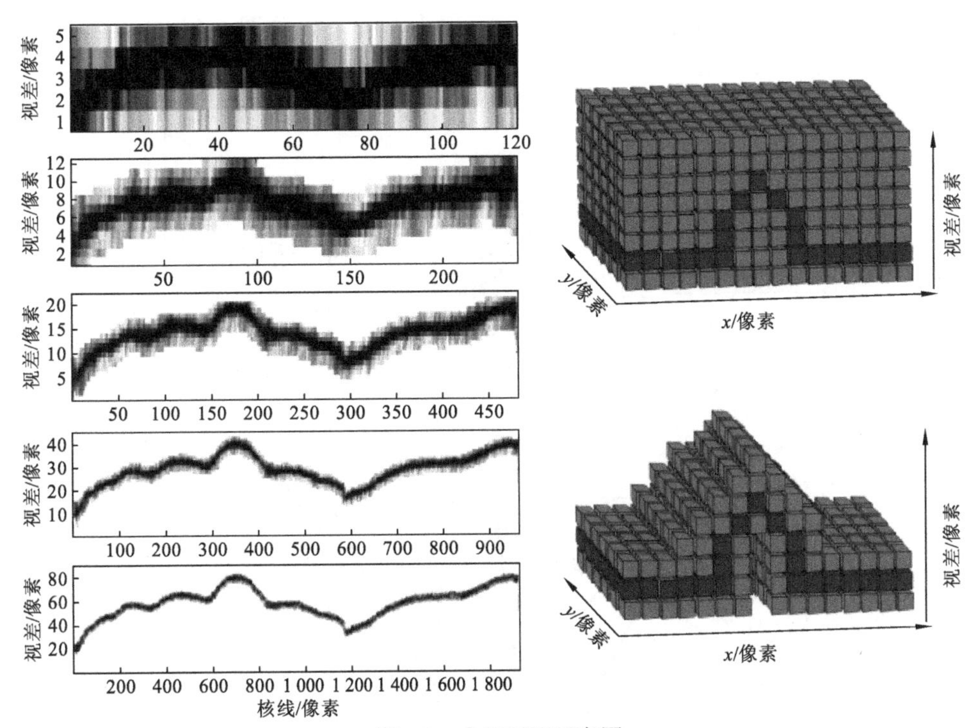

图 6.2　多级匹配示意图

2. 分块匹配策略

分级匹配虽然能减小匹配的搜索范围，提高匹配块的大小，但仍然无法满足整个影像，比如对于 8 000×6 000 像素的整景影像匹配要求。因此，必须进一步对每一级的匹配进行分块处理，并通过每块影像之间的影像重叠，消除周边像元匹配结果不可靠引起的缝隙。

6.2.2 PMVS 多视角影像精匹配

PMVS 是由 Yasutaka Furukawa 和 Jean Ponce 在文章 *Accurate，Dense，and Robust Multi-View Stereopsis* 中首次提出。PMVS 是一个多视立体匹配的软件，由一组照片及相机参数，重建出照片中物体或场景的三维结构。PMVS 只重建刚性结构，它会自动忽略非刚性结构，如建筑物前的行人。软件输出一组带方向的三维点，估计了每个点的三维坐标和法向量（Furukawa et al.，2010）。

patch 是近似于物体表面的局部正切平面，包括中心 $c(p)$、法向量 $\boldsymbol{n}(p)$、参考影像 $R(p)$，如图 6.3 所示。patch 的一条边与参考相机（即拍摄参考影像的相机）的 x 轴平行。patch 上有 $\mu\times\mu$ 的格网（μ 一般为 5 或 7），如图 6.4 所示。

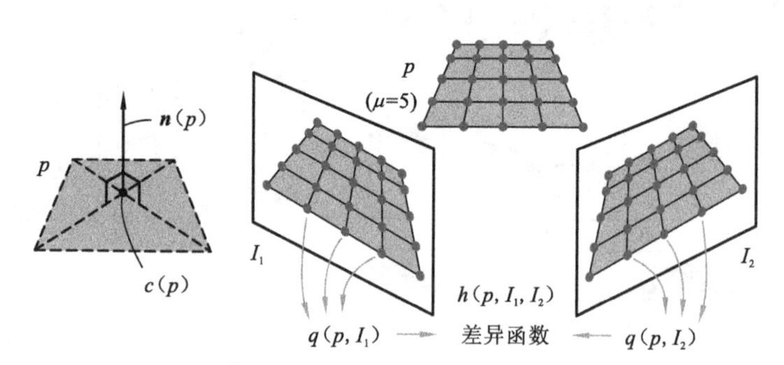

图 6.3　PMVS 中的匹配面元 patch

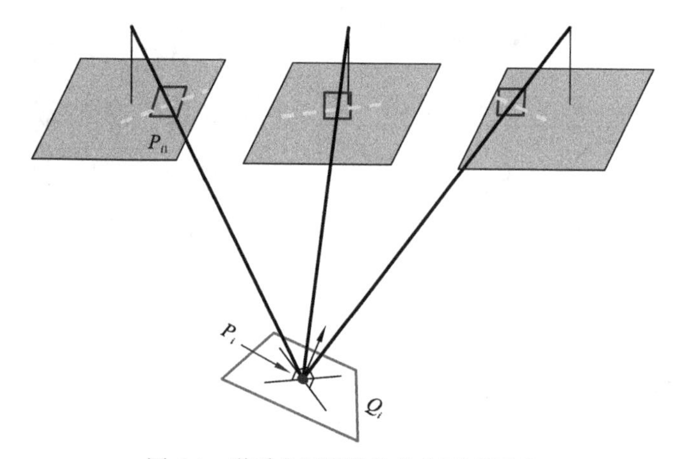

图 6.4　联系多视影像的物方匹配面元

PMVS 的匹配思路是先找到稳健的、能可靠匹配的特征点，然后再按照区域增长的思路进行匹配传播。具体过程如图 6.5 所示。

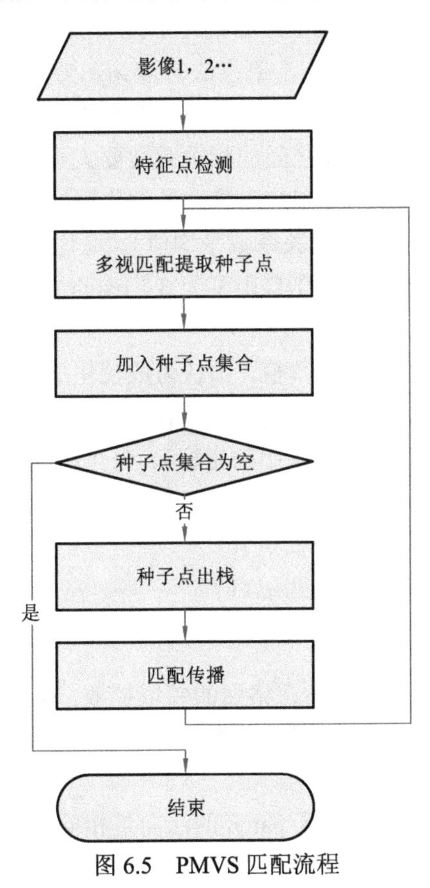

图 6.5　PMVS 匹配流程

1. 特征点提取

在每张像片上画格网，采用 DOG 和 Harris 算子进行特征点提取。格网大小为 32×32 像素。在每个格网中选 $\eta=4$ 个兴趣值为局部极大值的点。(两种算子都各取 4 个特征点)。

2. 特征点匹配，生成种子点集合

每张像片轮流作为参考影像 $R(P)$。在其他像片中选出主光轴与 $R(P)$之间夹角小于 60° 的像片 $I(P)$。再将参考影像和这些相片进行匹配。

(1) 对于参考影像上的每个特征点 f，寻找它在其他照片上的候选匹配点 f'，f'组成集合 F。要求 f'与 f 是由同一种算子检测出 (Harris 或 DOG) 并且 f'在离同名核线两个像素的范围之内。

（2）由每一对(f,f')前方交会求出模型点。计算每个模型点与参考相片摄像机中心的距离，按距离由近到远将模型点排序。

（3）由模型点轮流初始化 patch。如果一个模型点失败，就考虑下一个模型点。其中，patch 的中心 $c(p)$为模型点，单位法向量 $\boldsymbol{n}(p)$为由 patch 中心指向参考影像摄像机中心的单位向量。要求 patch 的法向量和 patch 所在光线的夹角要小于 60°，且 patch 投影到像片和参考相片之间的相关系数要大于阈值 0.4。

（4）优化 patch 的中心坐标和法向量。最大化平均相关系数（即最大化 patch 的参考像片与其他像片之间的相关系数平均值）。优化过程中把 patch 的中心固定在 patch 参考影像的光线上，优化自由度为 3：patch 中心的 z 坐标，代表法向量的两个角度 α、β。

如果优化后，相关系数大于阈值，则认为成功生成了 patch。在所有影像上打上大小为 2×2 像素的格网 cells $C_i(x, y)$。把 patch 投影到像片上，记录下 patch 所在的格网坐标（格网在像片坐标系中的坐标）。每个格网有两个存储 patch 的集合 $Q_i(x, y)$、$Q_i^*(x, y)$，分别存储投影到 $V(p)$、$V^*(p)$的 patch。同时从 cell 中去掉所有的特征点，接下来考虑下一个特征点 f。

否则放弃该点，考虑下一个匹配点 f'。

3. 匹配传播

由种子 patch 向种子 patch 所在格网的邻域扩散，若这个邻域中已经存在一个与种子 patch 距离较近的 patch 或者这个邻域中已经存在一个平均相关系数较大的 patch，则不向该邻域扩散。

新 patch 的初始法向量和种子 patch 的法向量相同，新 patch 的中心是通过邻域格网中心的光线与种子 patch 所在平面的交点。

接下来的步骤与生成种子点相似，即优化 patch，若匹配的照片个数大于阈值，就认为是成功扩散了一个 patch，否则失败。

然后，继续扩散下一个新 patch，直到无法再进行扩散，具体原理如图 6.6 所示。

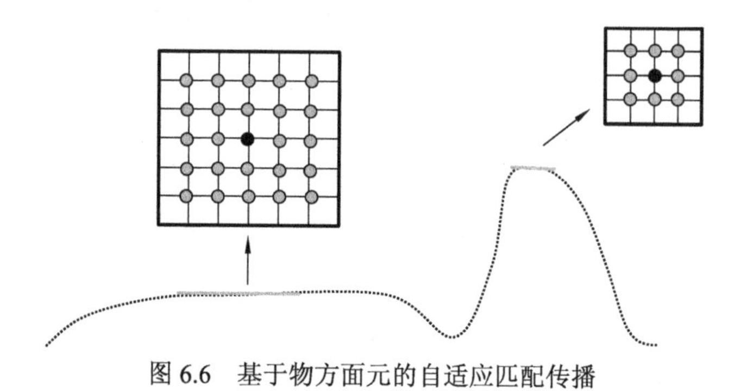

图 6.6　基于物方面元的自适应匹配传播

4. 匹配结果滤波

匹配结果包括 4 种情况。

（1）同一格网中 patch 的平均相关系数差异大。

（2）过滤掉格网中与深度最小的 patch 距离大、法向量夹角大的 patch（深度：物点与摄像机中心之间的距离投影到主光轴方向上的长度）。

（3）将一个 patch 和它八邻域中的 neighbors patches 拟合二次曲面，neighbors patches 残差之和大于阈值就去掉这个 patch。

（4）去掉数量较小的 patch 组。首先根据 patch 在物方的相互距离，将 patch 聚类分组，去掉 patch 个数小于 20 的 patch 组。

6.3 光学卫星视频三维模型生成

6.3.1 三维点云提取

光学卫星视频影像逐像对匹配得到的视差图并非表达物体三维几何表面的最终形式，由于光学卫星影像分辨率相对较低，一般使用数字表面模型（digital surface model，DSM）表达三维表面，需要对视差图进行融合与转换得到 DSM。目前一般使用移动曲面法或者二维三角网内插的方法生成 DSM（即先将三维离散点云构建成为二维三角网，然后对二维三角网进行内插，生成 DSM）。

对于光学卫星视频影像，可以直接根据视差图确定多视同名像点，然后利用同名像点进行多片前方交会得到三维离散点云（邹小丹，2013）。以三线阵影像为例，视差图融合的原理示意图如图 6.7 所示，图 6.7（a）中红色四边形和蓝色四边形分别表示两个相互重叠的三线阵立体模型的前视、下视和后视影像的地理范围，P_1 和 P_2 为三线阵像对内的点，P_3 为三线阵像对间重叠区内的点。视频卫星影像视差图融合的计算过程如下。

首先，确定模型内的同名像点。本章采用投影轨迹法生成卫星影像的核线影像。对于点 P_i，对应下视影像上的像点 P_{in}，利用下视影像分别与前视和后视影像组成的核线立体像对匹配的视差图 $D_{nf}(P)$和 $D_{nb}(P)$，可计算 P_{in} 的同名像点 P_{if}和 P_{ib}，如图 6.7（b）所示。根据影像的定向参数，进行前方交会得到地面点 G_i（前方交会时，根据视差图的置信度设定像点的权值，如视差图 $D_{nf}(P)$和 $D_{nb}(P)$的置信度图分别为 Confnf(P)和 Confnb(P)，则 P_{in}、P_{if}和 P_{ib} 的权值分别为[Confnf(P_{in}) + Confnb(P_{in})]/2、Confnf(P_{in})和 Confnb(P_{in})）。

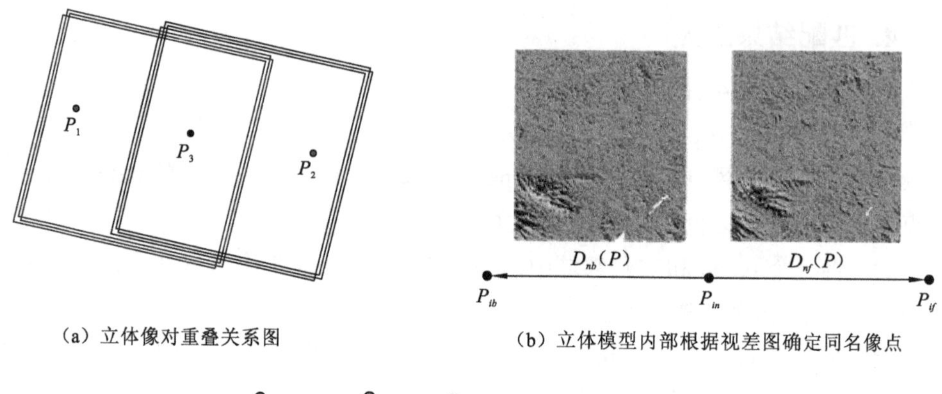

（a）立体像对重叠关系图　　（b）立体模型内部根据视差图确定同名像点

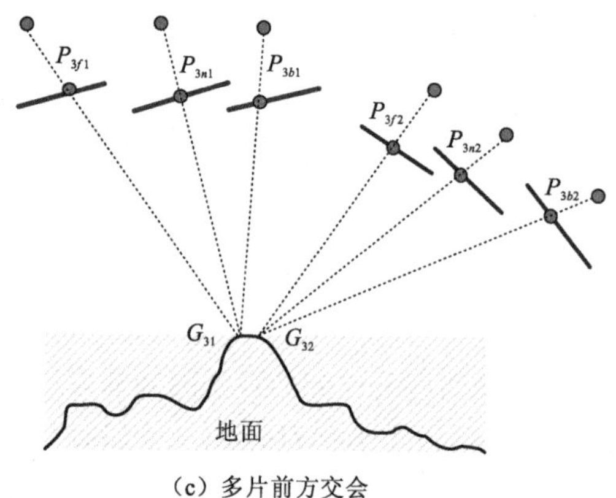

（c）多片前方交会

图 6.7　卫星影像视差图融合原理示意图

其次，确定模型之间的同名像点。对于三线阵立体模型内部点，如 P_1 和 P_2，G_i 即其最终地面坐标；对于三线阵立体模型之间的点，如 P_3，则需进一步确定它在其他三线阵立体模型上的同名像点。以 P_3 为例，其在模型 1 上的像点为 P_{31n}、P_{31f} 和 P_{31b}，通过前方交会得到的地面点为 G_{31}，将 G_{31} 投影至模型 2 的下视影像得到点 P_{32n}，然后再利用对应的视差图确定其同名像点 P_{32f} 和 P_{32b}，模型 2 内的同名像点 P_{32n}、P_{32f} 和 P_{32b} 前方交会得到地面点为 G_{32}。当 G_{31} 与 G_{32} 之间的距离小于一定的阈值 distσ（可取值为影像上 0.5 像素对应的地面距离）时，利用 P_{31n}、P_{31f}、P_{31b}、P_{32n}、P_{32f} 和 P_{32b} 一起进行前方交会得到其地面坐标 G_3，同时标注像点 P_{31n} 和 P_{32n} 已经取到地面点，避免重复计算导致的数据冗余；反之，计算失败。

最后，利用三维离散点云构建二维三角网并内插生成 DSM。

6.3.2　DSM 生成

采集的离散点云数据量巨大，给点云的栅格化处理造成了较大困难。由于计算机的主存容量有限，首先需要对数据进行分块，然后逐块将数据调入内存进行栅格化处理，最后将各个分块的网格进行拼接，得到最终的完整的结果（图 6.8）。采用这种方式处理需要预先对点云进行分块，对每一分块数据进行处理时，需要对分块的边界作特殊处理，以保证分块之间的连接区域一致性。这些要求增加了处理过程的复杂性，降低了处理效率，很难得到整个区域真正无缝的栅格结果。

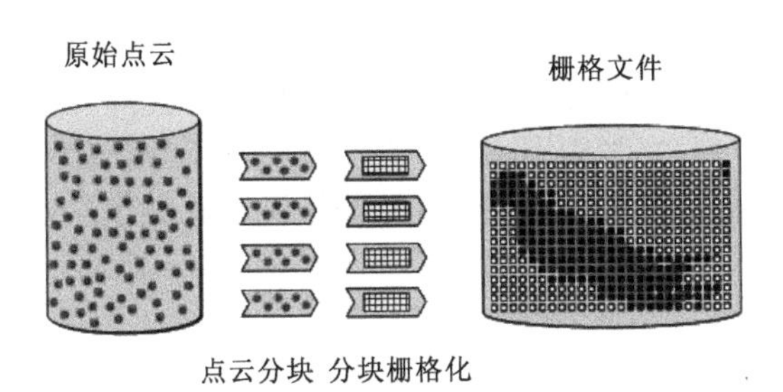

图 6.8　传统的 LIDAR 数据网格化处理流程

为了解决传统栅格化方法在处理海量点云数据时所遇到的问题，本章设计一种基于流式模型的点云栅格化方法。虽然点云的数据量巨大，但是在实际的栅格化处理中并不是在同一时间对全部数据进行处理，每次处理时，只是对局部区域进行空间插值和栅格化。因此，如果能将数据按数据流方式组织，使数据流中的数据保持一定的空间位置关系，在栅格化处理时就能够实现依次处理，而不受计算机主存大小的限制。由于流式处理时，每次只对一小部分数据进行处理，处理方法不受数据量影响，避免了传统处理方式下分块的边界处理，能够真正实现点云数据的无缝栅格化。流模式的点云栅格化处理过程如图 6.9 所示。

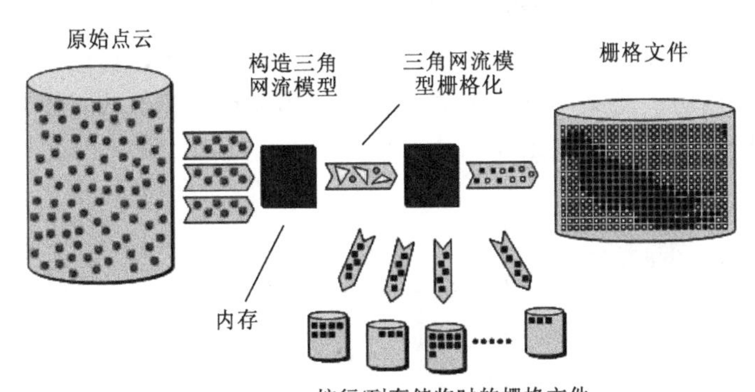

图 6.9　流模式海量点云栅格化处理流程

流模式的点云栅格化处理的具体步骤简要介绍如下。

1. 原始点云数据划分

三角网生长算法的核心就是求取新边构成三角网，大部分的计算都集中在从大量数据中搜寻最优的第 3 点，只要在搜索方法上加以改进就可以大大提高构网速度。现有的数据分块方法：均匀条带分割、等格网分割、四叉树分割和自适应分块等。因为每一条基线第 3 点的查找范围是在基线的四周进行搜索，均匀条带分割法会使搜索的范围相当大。因此，本章采用四叉树分块法。

首先对原始点云按照空间位置进行划分（图 6.10），但并不需要真正对数据进行分块，只是统计每一分块中的总点数，并以此作为标记值，建立点云的流模型。该处理过程只需要遍历一次数据，不做任何其他操作，处理速度非常快。

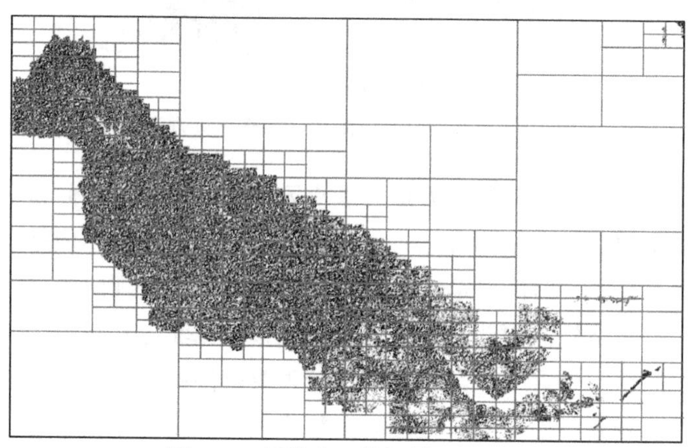

图 6.10　原始点云数据划分示意图

2. 按流模式重新组织点云数据

重新遍历原始点云数据，根据之前统计的分块总点数，可以判断分块中的点是否已经全部遍历，当某一分块中的点全部遍历完后，将这些点输入点流，并在最后一个点后面添加终止标志（图 6.11）。

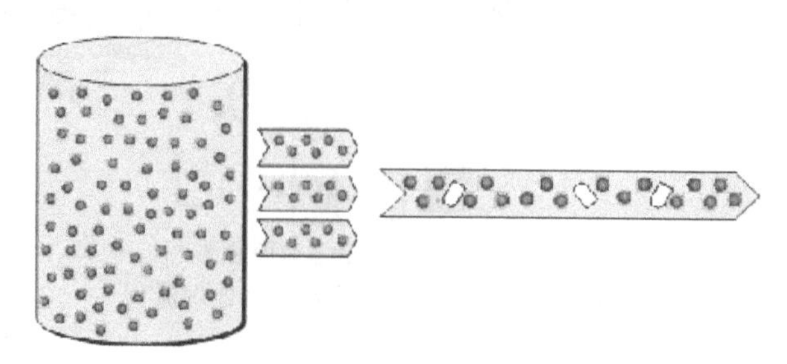

图 6.11　构造点云的流模型

蓝色点为三维点云，白色块为终止标志

3. 构造流式 TIN 模型

利用终止标志可以在流模型中对三维点云进行空间划分，在进行空间内插时，只需要在终止标志确定的数据流范围内进行就可以实现栅格化的流式处理。利用终止标志在点流中进行分段，并在分段内建立 TIN 模型，构造流式三角网（吴佳奇，2012），如图 6.12 所示。

图 6.12　流式 TIN 模型

Delaunay 三角网有三种算法：分割合并算法、逐点插入算法、生长算法。分割合并算法复杂，要采用递归的方式进行，还要解决子网合并和优化的问题；逐点插入算法难点在于包围盒的构建、三角形的搜索等；生长算法较容易实现。Delaunay 三角网生长算法步骤如下。

（1）以任意数据为起点。

（2）找出与起始点最近的一个点连接，构成最短边，构成 Delaunay 三角网的第一条基线边，按照 Delaunay 三角网的法则，找出第三点构成一个三角形。

（3）迭代以上的步骤直至所有基线都被处理。

利用生长算法构建空间三角网的难点在于确定离散点之间的拓扑关系，在构建空间三角网时不能出现三角形交叉或重叠的现象，并且相邻三角形的法向量指向一致。基于这个思想，在已有的研究基础上，在二维生长算法的基础上利用空间三角形的法向量来进行第三点的搜索。具体步骤如下。

（1）导入离散点云数据，计算点云数据的重心坐标及点云数据密度。

（2）构建第一条基边。以点云数据的任意一点为起点，设定距离阈值和搜索范围，搜索最近点构建基边。搜索范围的设置：根据点云密度，设置边长为 d 的正方体空间进行搜索。

（3）构建第一个三角形。根据三角形的法向量和重心点与三角形某顶点的向量夹角来判断三角形法向量的指向，以 90° 为阈值，如果夹角小于 90°，则指向外面，符合要求。否则指向里面，不符合要求，重新搜索。

（4）构建完第一个三角形后，开始搜索第三个点，第三个点与最近的边可以构成新的三角形，计算前一个三角形与新三角形的法向量夹角，设定阈值为 90°（阈值可以根据物体表面的复杂度及点云数据密度来设定），如果小于 90°，则符合要求，最后采用最大夹角法来选取最佳点，如果大于 90°，则舍弃，继续搜索。

（5）迭代以上的步骤直至所有点都被处理。

4. 三角网内插

流式 TIN 模型中将点和三角形按空间位置组织在一起，遍历每个三角形并进行三角形内插就可以实现点云数据的栅格化（王永会 等，2008）。内插方法如下。

1）距离倒数加权插值法

首先可以设定距插值点最近的半径范围 R 和距离待插点最近点的个数 N 来进行距离倒数加权计算，具体模型如下：

$$\overline{H}(x_0)=\sum_{i=1}^{N}P_iH(x_i) \tag{6.6}$$

式中：$\overline{H}(x_0)$ 为 x_0 点的预测值，即插值；N 为 x_0 周围已知点的数目；P_i 为参与预测的已知点的权重；$H(x_i)$为已知样本点的测量值。

权重值 P_i 可表示为

$$P_i=\frac{d_{i0}^{-m}}{\sum_{i=1}^{N}d_{i0}^{-m}} \tag{6.7}$$

权重值累加和为 1，其中，d_{i0}^{-m} 为已知样本点 x_i 到插值点 x_0 的距离，可见在指数 m 的作用下，随着距离的增大，权值不断减小，m 控制着权重系数，对于较大的幂次，较近的数据点被给定一个较高的权重份额，对于较小的幂次，权重比较均匀地分配到各样本点，幂次参数显著影响内插的结果，其选择标准是使平均绝对误差最小。

2）基于不同加权类型的曲面拟合内插算法

最小二乘法是对采样数据进行拟合时最常用的一种方法，它的主旨思想就是使各采样点$(x_k, y_k)(k=1, 2, \cdots, n)$的偏差平方和达到最小，即

$$\min\rightarrow\Phi=\sum_{k=1}^{n}[F(x_k)-y_k]^2 \tag{6.8}$$

有时可根据各点数据在拟合中的可靠性不一致，引进权系数 $P_i>0\ (i=1, 2, \cdots, n)$ 对可靠性较大的数据赋予较大的权值。拟采用数值分析中的插值理论，分别采用不同类型加权方式进行计算。

其原理可简化为

$$F(X,Y)=C_{00}+C_{10}X+C_{01}Y+C_{20}X^2+C_{11}XY+C_{02}Y^2 \tag{6.9}$$

对一般趋势分析有

$$Q=\sum_{i=1}^{n}[F(x_i,y_i)-z_i]^2 \tag{6.10}$$

应使 Q 为最小。式中，n 为数据点的个数；(x_i, y_i)为数据点的坐标；z_i 为(x_i, y_i)上的观测值；拟合值 $F(x_i, y_i)$和观测值 z_i 的误差平方和为 Q。

考虑各点数据在拟合中的可靠性不一致，引进权系数 p_i

$$Q=\sum_{i=1}^{n}[F(x_i,y_i)-z_i]^2 p_i \tag{6.11}$$

为了求出方程中的系数 C_{rs}，按最小二乘原理有

$$\frac{\partial Q}{\partial C_{rs}}=0 \qquad r,s=0,1,2 \tag{6.12}$$

上式为有 6 个未知数和 6 个方程的方程组，可用高斯消去法求解。

为了提高处理效率，可以将栅格化的结果按行或列的方式保存到临时文件中，最后将临时文件进行合并，得到完整的栅格文件。

6.4　实验结果与分析

6.4.1　光学卫星视频影像定向实验

为验证光学卫星视频影像定向算法的有效性和适用性，利用两组光学卫星视频影像数据进行实验验证。本章所采用的数据均为稳像前的光学卫星视频传感器校正帧序列产品，单帧影像经过了几何和辐射校正，附带辅助 RPC 参数文件。相关实验数据参数如表 6.1 所示。

表 6.1　相关实验数据参数

项目	实验区一	实验区二
拍摄地点	四川省雷波县（28°13′30″N，103°32′30″E）	山东省烟台市芝罘湾（37°32′48″N，121°25′24″E）
视频幅宽	11 km×4.5 km	11 km×4.5 km
视频影像大小/像素	12 000×5 000	12 000×5 000
视频影像分辨率/m	1	1
视频影像辐射量化位数/B	8	8
拍摄视频时长/s	28	59
帧间时间间隔/s	0.1	0.1
帧间夹角/（°）	0.86	0.86
最大地形起伏/m	3 696	294

实验区一为吉林一号视频 03 星拍摄的四川省雷波县，地形为山地，最大地形起伏 3696 m，少量云覆盖（图 6.13）。该视频共 287 帧，从该视频中抽取第 1 帧、第 157 帧、第 287 帧共三帧影像进行定向试验，影像之间夹角分别为 11.96° 和 10.17°。由于该区域没有地面控制点，仅仅利用影像间自动匹配的连接点进行自由网平差处理。

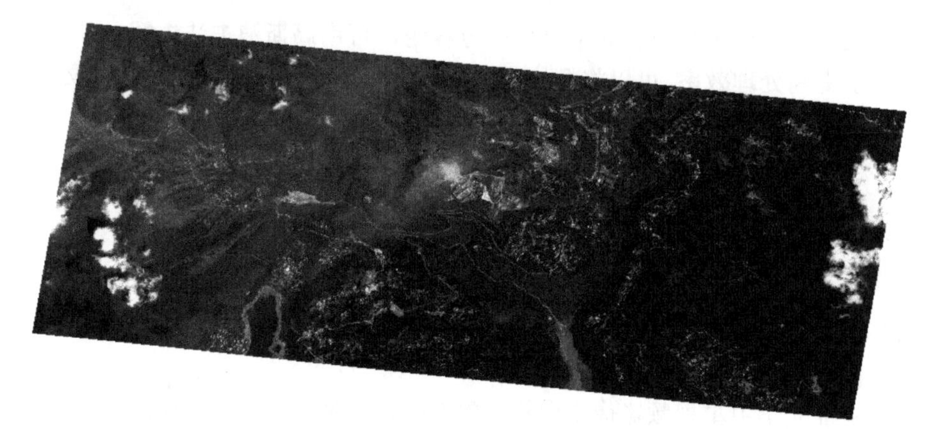

图 6.13　四川省雷波县地区吉林一号 03 星影像缩略图

四川雷波县吉林一号卫星视频影像的定向处理结果如图 6.14 所示。

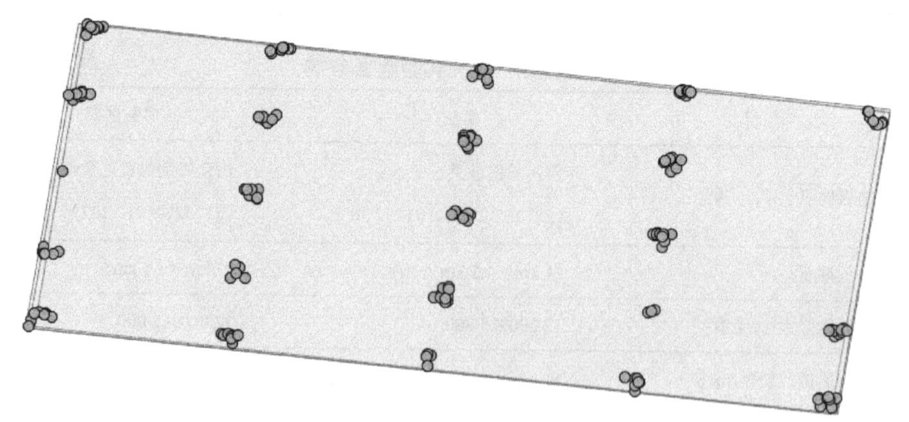

图 6.14　四川省雷波县地区影像连接点分布图

从表 6.2 和连接点分布图可以看出，连接点分布均匀，自由网平差后连接点的像方中误差为 0.816 像素，最大误差为 2.316 像素，较好地恢复了影像间的相对定向关系，可以用于后续 DSM 生成。

表 6.2　实验区一定向后的像方精度　（单位：像素）

连接点个数	连接点像方中误差			连接点最大像方误差		
	x	y	平面	x	y	平面
192	0.461	0.674	0.816	1.816	2.219	2.316

实验区二为山东省烟台市芝罘湾地区，该区域拍摄的吉林一号 03 星视频共 500 帧（图 6.15），从该视频中抽取第 1 帧、第 157 帧、第 287 帧进行影像定向试验。该区域通过人工外业量测的方式获取 GPS 地面控制点数据，其像方坐标通过人工转刺得到。通过控制网平差，实现多帧视频影像的绝对定位精度提升，并对定位结果进行精度验证。

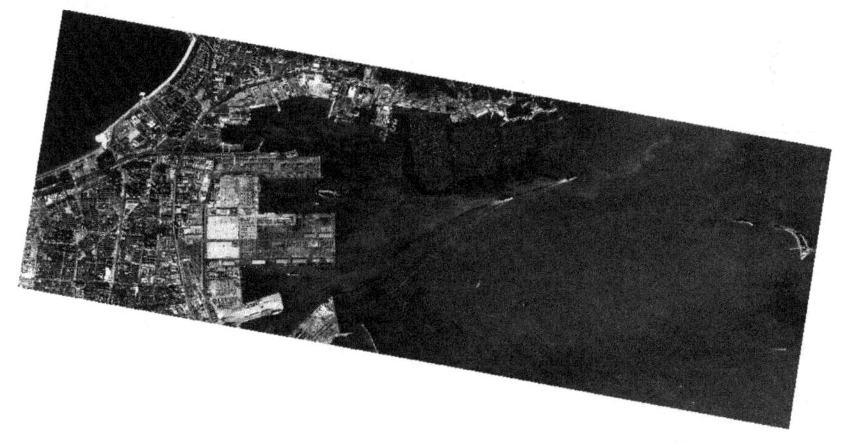

图 6.15　山东省烟台市芝罘湾地区吉林一号 03 星影像图

山东省烟台市芝罘湾地区吉林一号视频影像数据的定向结果如图 6.16 和表 6.3、表 6.4 所示。

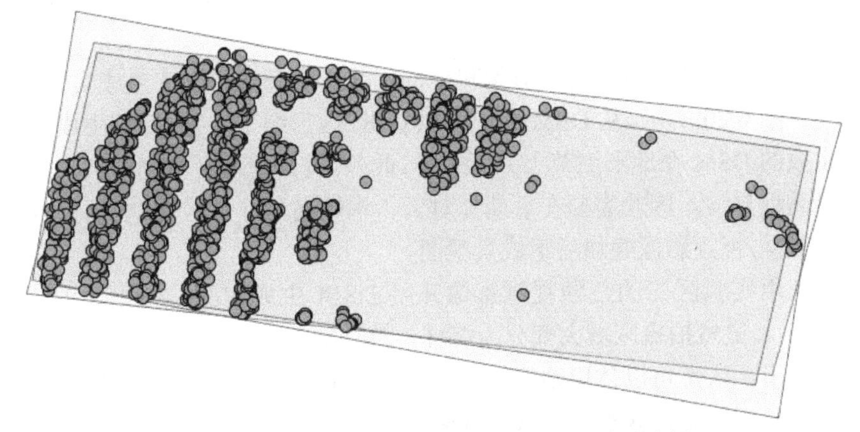

图 6.16　山东省烟台市芝罘湾地区连接点分布图

表 6.3　实验区二定向后的像方精度

平差方式	连接点个数	连接点像方中误差/像素			连接点最大像方误差/像素		
		x	y	平面	x	y	平面
自由网	3 299	0.334	0.369	0.498	0.932	0.935	0.945
控制网	3 299	0.351	0.452	0.572	1.363	−2.307	2.311

表 6.4　实验区二定向后的物方精度

平差方式	控制点个数	检查点个数	检查点最大误差/m				检查点中误差/m			
			x	y	平面	高程	x	y	平面	高程
自由网	0	6	554.030	124.337	567.811	−4.444	547.710	109.309	558.511	2.617
控制网	4	2	3.136	1.605	3.523	−3.729	2.793	1.303	3.082	2.233

根据表 6.3 和表 6.4 结果可知，芝罘湾地区吉林一号视频影像定向处理后，无控制点情况下连接点中误差达到了 0.498 像素，带控制点情况下连接点中误差达到了 0.572 像素，实现了高精度相对定向，且说明引入地面控制点对影像间的相对定向关系影响不大。在影像四周布控的情况下，检查点的平面精度从 558.511 m 提高到 3.082 m，高程精度从 2.617 m 提高到 2.233 m，为 DSM 生成提供了高精度几何基础。

6.4.2　DSM 生成实验

基于定向处理后的多帧吉林一号视频影像数据，开展 DSM 自动生成实验，分别展示成果 DSM 等结果如下。

（1）利用实验区一首尾两帧影像和全部三帧影像开展 DSM 生成实验，结果如图 6.17～图 6.20 所示。从 DSM 图中可以看出，地形细节丰富，两帧生成的 DSM 与三帧生成的 DSM 在地形细节上并无差异。此外，有云覆盖区域制作出来的 DSM 存在明显高程异常，因此需要在后期针对云、水等高程异常区域进行局部修正。最后，DSM 与视频影像叠加后形成景观图。

（2）利用实验区二的三帧视频影像开展 DSM 生成实验，结果如图 6.21～图 6.23 所示。虽然拍摄区域大部分为海域，整体地形起伏较小，但从 DSM 效果图中可以看出，依然可以体现地形细节，包括海上航行的船只、岛屿和房屋建筑等。最后，与视频影像叠加后形成景观图。

图 6.17　四川雷波县 10 m 格网 DSM（2 视）

图 6.18　四川雷波县 10 m 格网 DSM（3 视）

图 6.19　四川雷波县 DSM 实景全局视图

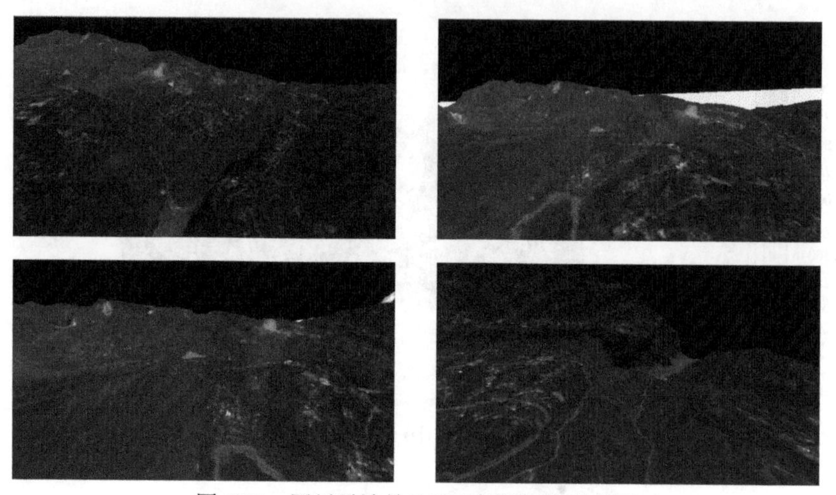

图 6.20　四川雷波县 DSM 实景局部示意图

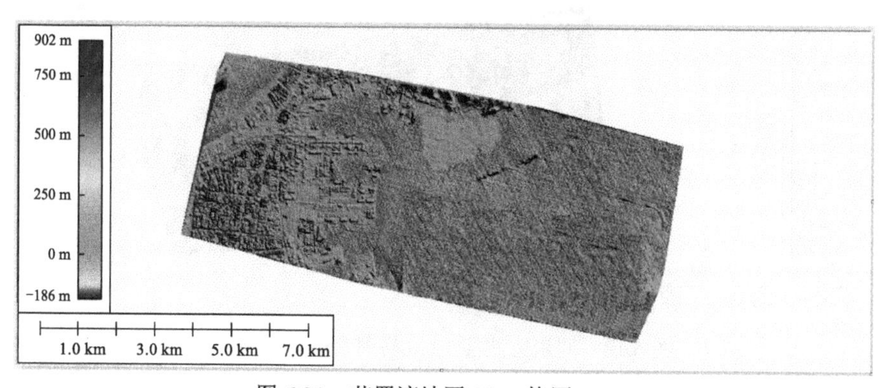

图 6.21　芝罘湾地区 10 m 格网 DSM

图 6.22　芝罘湾地区 DSM 实景全局视图

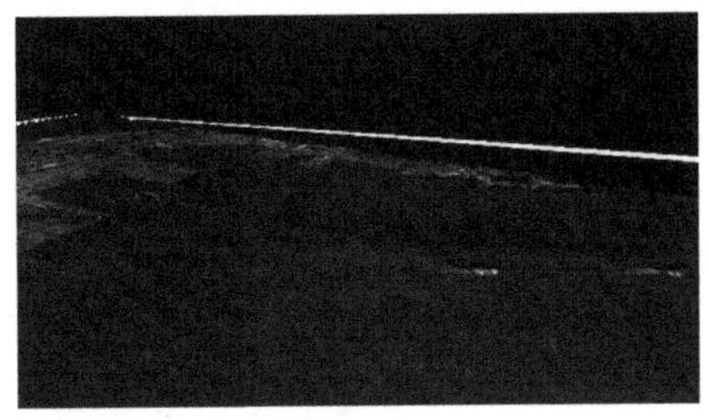

图 6.23　芝罘湾地区 DSM 实景局部示意图

参 考 文 献

范江, 2019. 基于视频卫星影像的 DSM 生成技术研究. 武汉: 华中科技大学.

李德仁, 郑肇葆, 1992. 解析摄影测量学. 北京: 测绘出版社.

李德仁, 张过, 江万寿, 等, 2006. 缺少控制点的SPOT-5 HRS影像RPC模型区域网平差. 武汉大学学报(信息科学版)(5): 377-381.

李佩峻, 2019.多视航空倾斜影像空三与密集匹配研究. 西安: 长安大学.

李迎松, 2018. 摄影测量影像快速立体匹配关键技术研究. 武汉: 武汉大学.

刘军, 2003. 高分辨率卫星 CCD 立体影像定位技术研究. 郑州: 中国人民解放军信息工程大学.

汪韬阳, 张过, 李德仁, 等, 2014. 资源三号测绘卫星影像平面和立体区域网平差比较. 测绘学报(4): 389-395.

王永会, 李玉梅, 宋晓宇, 2008. 高阶Delaunay三角网及生成算法研究[J]. 计算机工程与应用(27): 72-74, 84.

吴佳奇, 徐爱功, 2012. Delaunay 三角网生长法的一种改进方法. 测绘科学, 37(2): 103-104, 187.

张过, 蒋永华, 汪韬阳, 等, 2016. 高分辨率视频卫星标准产品分级体系. 北京: 科学出版社.

邹小丹, 2013. 基于半全局优化的多视影像匹配方法与应用. 长沙: 中南大学.

FURUKAWA Y, PONCE J, 2010. Accurate, dense, and robust multiview stereopsis. IEEE Transactions on Pattern Analysis and Machine Intelligence, 32(8): 1362-1376.